개념연결 연산의 발견

1권
초등
1학년

"엄마, 고마워!"라는 말을 듣게 될 줄이야!

모든 아이들은 공부를 잘하고 싶어 한다. 부모가 아이의 잘하고 싶은 마음에 대해 믿음을 가지고 도와주는 것이 중요하다. 무작정 이것저것 많이 시켜 부담을 주는 것이 아니라 부모가 내 공부를 도와주고 있다는 마음이 전해지면 아이는 신이 나서 공부를 한다. 수학 공부에 있어서는 꼼꼼하게 비교해 좋은 문제집을 추천해주는 것이 바로 그 마음이 될 것이다. 『개념연결 연산의 발견』을 가까운 초등 부모들에게 미리 주어 아이들이 풀어보도록 했다. 많은 부모들이 아이가 문제 푸는 재미에 푹 빠졌다고 했으며, 문제뿐만 아니라 친절한 개념 설명과 고학년까지 연결되는 개념의 연결에 열광했다. 아이들이 겪게 되는 수학 공부의 어려움을 꿰뚫고 있는 국내 최고의 수학교육 전문가와 현직 교사들의 합작품답다. 아이의 수학 때문에 고민하는 부모들에게 자신 있게 추천한다. 이 책은 마지못해 억지로 하는 공부가 아니라 자발적으로 자신의 문제를 해결해가는 성취감을 맛보게 해줄 것이다. "엄마 덕분에 수학에 자신감이 생겼어요!" 이렇게 말하는 아이의 모습이 그려진다.

박재원(사람과교육연구소 부모연구소장)

머리말

연산을 새롭게 발견하다!

잘못된 연산 학습이 아이를 망친다

　아이의 수학 공부 때문에 골치 아파하는 초등 부모님을 많이 만났습니다. "이러다 '수포자'가 되면 어떡하나요?" 하고 물어 오는 부모님을 만날 때마다 수학의 본질이 무엇인지, 장차 우리 아이들이 초등 시절을 지나 중·고등학생이 되었을 때 수학 공부가 재미있고 고통이지 않으려면 어떻게 해야 하는지, 근본적인 고민을 반복했습니다. 30여 년 중·고등학교에서 수학을 가르치며 아이들에게 초등수학 개념이 많이 부족함을 느꼈고, 초등학교 때의 결손이 중·고등학교를 거치며 눈덩이처럼 커지는 것을 목도했습니다. 아이러니하게도 중·고등학교 현장을 떠난 후에야 초등수학을 제대로 공부할 기회가 생겼고, 학생들의 수학 공부법을 비로소 정립할 수 있어 정말 행복했습니다. 그러나 기쁨도 잠시, 초등 부모님들의 고민은 수학의 본질이 아니라 눈앞의 점수라는 사실을 알게 되었습니다. 결국 연산이었지요. 연산이 수학의 기초임은 두말할 나위 없는 사실인데, 오히려 수학 공부에 장해가 될 줄은 꿈에도 생각지 못했습니다. 초등수학 교과서를 독파하고도 깨닫지 못한 현실을 시중에 유행하는 연산 학습법이 알려주었습니다. 교과서는 연산의 정확성과 다양성을 추구합니다. 그리고 이것이 연산 학습의 본질입니다. 그런데 시중의 연산 학습지 대부분은 정확성과 다양성보다 빠른 계산 속도와 무지막지한 암기를 유도합니다. 그리고 상당수 부모님이 이것을 받아들여 아이들을 속도와 암기에 몰아넣습니다.

좌절감과 열등감을 낳는 연산 학습

　속도와 암기는 점수를 높여줄 수 있다는 장점을 갖지만, 그보다 많은 부작용을 안고 있습니다. 빠른 계산 속도에 대한 집착은 아이에게 좌절감과 열등감을 줍니다. 본인의 계산 속도라는 것이 있는데 이를 무시하고 가장 빠른 아이의 속도에 맞추기만 하면 무한의 속도 경쟁에서 실패자가 되기 쉽습니다. 자기 속도에 맞지 않으면 자기주도가 될 수 없으니 타율 학습이 됩니다. 한쪽으로 자기주도학습을 강조하면서 연산 학습에서는 타율 학습을 강요하면 아이들의 '자기주도'는 점점 멀어질 수밖에 없습니다. 또 무조건적인 암기는 이해를 동반하지 않으므로 아이들이 수학을 암기 과목으로 여기게 만들고, 이 때문에 많은 아이가 중·고등학교에 올라가 수학을 싫어하게 됩니다. 아이들은 연산 공부와 여타의 수학 공부를 달리 보지 못합니다. 연산을 공부할 때처럼 모든 수학 공부를 무조건적인 암기와 빠른 시간 안에 답을 맞혀야 한다고 생각합니다. 이러한 생각은 중·고등학교를 넘어 평생 갑니다. 그래서 성인이 된 뒤에도 자신의 자녀들에게 이런 식의 연산 학습을 시키는 데 주저하지 않게 됩니다.

수학이 좋아지는 연산 학습을 개발하다

　이 두 가지 부작용을 해결하기 위해 많은 부모님을 설득했지만 대안이 없었습니다. 부모님 스스로 해결하는 경우가 드물었습니다. 갈수록 피해가 커지는 현상을 막아야겠다고 결심했습니다. 그래서 현직 초등 교사들과 의논하고 이들을 설득해 초등 연산 학습을 정리하고 그 결과를 책으로 내게 되었습니다. 교사들이 나서서 연산 학습을 주도한다는 비난을 극복하고 연산을 새롭게 발견하는 기회를 제공해야 한다는 일념으로 이 책을 만들었습니다. 우리 아이가 처음으로 접하는 수학인 연산은 즐거워야 합니다. 아이를 사랑하는 마음으로 제대로 된 연산 문제집을 만들어보자고 했을 때 흔쾌히 따라준 개념연산팀 선생님들에게 감사드립니다. 지난 4년여 동안 휴일과 방학을 반납하고 학생들의 연산 학습 실태 조사, 회의와 세미나, 집필 등에 온 힘을 쏟아주셨습니다. 그리고 먼저 문제를 풀어보고 다양한 의견을 주신 박재원 소장님과 부모님들께 감사의 말씀을 전합니다.

2020년 1월

전국수학교사모임 개념연산팀을 대표하여

최수일 씀

연산의 발견은 이런 책입니다!

❶ 개념의 연결을 통해 연산을 정복한다

기존 문제집들이 문제 풀이 중심인 반면, 『개념연결 연산의 발견』은 관련 개념의 연결과 핵심적인 개념 설명으로 시작합니다. 해당 문제가 이해되지 않으면 전 단계의 문제를 다시 풀고, 확장된 내용이 궁금하면 다음 단계 개념에 해당하는 문제를 바로 풀어볼 수 있는 장치입니다. 스스로 부족한 부분이 어디인지 쉽게 발견하여 자기주도적으로 복습 혹은 예습을 할 수 있습니다. 개념연결을 통해 고학년이 되어서도 결코 무너지지 않는 수학의 기초 체력을 키울 수 있습니다. 연산을 구조화시켜 생각하게 만드는 개념연결은 1~6학년 연산 개념연결 지도를 통해 한눈에 확인할 수 있습니다. 연산을 공부할 때부터 개념의 연결을 경험하면 수학 전체를 공부할 때도 개념을 연결하는 습관을 가질 수 있습니다.

❷ 현직 교사들이 집필한 최초의 연산 문제집

시중의 문제집들과 달리, 30여 년간 수학교사로 근무하고 수학교육의 혁신을 위해 시민단체에서 활동하고 있는 최수일 박사를 팀장으로, 수학교육 석·박사급 현직 교사들이 중심이 되어 집필한 최초의 연산 문제집입니다. 교육 경험이 도합 80년 이상 되는 현직 교사들의 현장감과 전문성을 살려 문제를 풀며 저절로 개념을 연결시키는 연산 프로그램을 만들었습니다. '빨리 그리고 많이'가 아닌 '제대로 그리고 최소한'으로 최대의 효과를 얻고자 했습니다. 내용의 업그레이드뿐 아니라 형식에서도 현직 교사들의 경험을 반영해 세세한 부분까지 기존 문제집의 부족한 부분을 개선했습니다. 눈의 피로와 지우개질까지 생각해 연한 미색의 질긴 종이를 사용한 것이 좋은 예가 될 것입니다.

❸ 설명하지 못하면 모르는 것이다 −선생님놀이

아이들은 연산에서 실수가 잦습니다. 반복된 연산 훈련으로 개념을 이해하지 못하고 유형별, 기계적으로 문제를 마주하기 때문입니다. 연산 실수는 훈련으로 극복되기도 하지만 이는 근본적인 해법이 아닙니다. 답이 맞으면 대개 이해했다고 생각하며 넘어가는데, 조금 지나면 도로 아미타불인 경우가 많습니다. 답이 맞았다고 해도 풀이 과정을 말로 설명하지 못하면 개념을 이해하지 못한 것입니다. 그래서 아이가 부모님이나 친구 등에게 설명을 하는 문제를 실었습니다. 아이의 설명을 잘 들어보고 답지의 해설과 대조해보면 아이가 문제를 얼마만큼 이해했는지 알 수 있습니다.

❹ 문제를 직접 써보는 것이 중요하다 −필산 문제

개념을 완벽하게 이해하기 위해 손으로 직접 써보는 문제를 배치했습니다. 필산은 계산의 경로가 기록되기 때문에 실수를 줄여주며 논리적 사고력을 키워줍니다. 빈칸 채우는 문제를 아무리 많이 풀어도 직접 식을 써보지 않으면 연산 학습에서 큰 효과를 기대하기 어렵습니다. 요즘 아이들은 숫자를 바르게 써서 하나의 식을 완성하는 데 어려움을 겪는 경우가 많습니다. 연산 학습은 하나의 식을 제대로 써보는 것이 그 시작입니다. 말로 설명하고 손으로 기록하면 개념을 완벽하게 이해할 수 있습니다.

❺ '빠르게'가 아니라 '정확하게'!

초등에서의 연산력은 중학교 이상의 수학을 공부하는 데 기초가 됩니다. 중·고등학교 수학은 복잡한 연산을 요구하지 않습니다. 주어진 문제를 이해하여 식을 쓰고 차근차근 해결해나가는 문제해결능력이 더 중요합니다. 초등학교 때부터 문제를 빨리 푸는 것보다 한 문제라도 정확하게 정리하고 풀이 과정이 잘 드러나도록 식을 써서 해결하는 습관이 중·고등학교에 가서 수학을 잘하는 비결입니다. 우리 책에서는 충분히 생각하면서 문제를 풀도록 시간에 제한을 두지 않았습니다. 속도는 목표가 될 수 없습니다. 이해가 되면 속도는 자연히 따라붙습니다.

❻ 학생의 인지 발달에 맞는 문제 분량

연산은 아이가 처음 접하는 수학입니다. 수학은 반복적으로 훈련하는 것이 아니라 생각의 힘을 키우는 학문입니다. 과도하게 많은 문제를 풀면 수학에 대한 잘못된 선입관을 갖게 되어 수학 과목 자체가 싫어질 수 있습니다. 우리 책에서는 아이들의 발달 단계에 따라 개념이 완전히 내 것이 될 수 있도록 학년별로 적절한 수의 문제를 배치해 '최소한'으로 '최대한'의 효과를 낼 수 있도록 했습니다.

❼ 문제 중간 튀어나오는 돌발 문제

한 단원 내에서 똑같은 유형의 문제가 반복적으로 나오면 생각하지 않고 기계적으로 문제를 풀게 됩니다. 연산을 어느 정도 익히면 자동화되는 경향이 있기 때문입니다. 이런 경우 실수가 생기고, 답이 맞을 수는 있지만 완전히 아는 것이 아닐 수 있습니다. 우리 책에는 중간중간 출몰하는 엉뚱한 돌발 문제로 생각의 끈을 놓을 수 없는 장치를 마련해두었습니다. 어떤 문제를 맞닥뜨려도 해결해나가는 힘을 기를 수 있습니다.

❽ 일상의 수학을 강조하다 -문장제

뇌과학적으로 우리의 기억은 일상에 활용할만한 가치가 있는 것을 저장하고, 자기연관성이 있으면 감정을 이입하여 그 기억을 오래 저장한다고 합니다. 우리 책은 일상에서 벌어지는 다양한 상황을 문제로 제시합니다. 창의력과 문제해결능력을 향상시켜 계산이 전부가 아니라 수학적으로 생각하는 힘을 키워줍니다.

1권

초등
1학년

차례

교과서에서는?

1단원 9까지의 수

9까지 수의 순서를 알고, 수의 크기를 비교하는 활동을 해요. 수를 처음 공부하는 만큼 수를 나타내는 숫자를 바르게 쓰고 읽을 수 있어야 해요. 또 수의 순서를 알고 수의 크기를 비교할 때 직접 모형이나 물건을 놓으며 공부하면 쉽게 이해할 수 있어요.

교과서에서는?

3단원 덧셈과 뺄셈

9까지의 수를 가르고 모으는 활동을 통해 덧셈과 뺄셈의 기초를 익혀요. 그런 다음 덧셈과 뺄셈 상황을 알맞은 덧셈식과 뺄셈식으로 나타내는 공부를 해요. 덧셈과 뺄셈은 생활에서 많이 경험해 보았기 때문에 쉽게 잘할 수 있지만, 덧셈과 뺄셈을 상황에 맞게 나타내기 위해서는 곰곰이 생각하는 연습이 필요해요.

최대 50까지의 수를 다룹니다. 처음부터 50까지 다루는 것은 아니고 9까지의 수로 시작하여 수의 순서와 크기를 비교하는 활동을 하고, 이 과정을 확장하여 50까지 넓힙니다. 그러므로 0에서 9까지의 수를 다룰 때 수를 나타내는 숫자를 바르게 쓰고 읽을 수 있어야 이후에 수가 커질 때 연결할 수 있습니다. 그리고 덧셈과 뺄셈을 시작합니다. 덧셈과 뺄셈의 시작은 어떤 수를 두 수로 가르고, 두 수를 하나의 수로 모으는 활동입니다. 이를 통해 그 기초를 익힙니다. 또한 덧셈이나 뺄셈을 할 때는 답만 구할 것이 아니라 여러 가지 방법이 있음을 알고 자신에게 알맞은 방법을 찾아 계산할 수 있어야 합니다.

교과서에서는?

5단원 50까지의 수

19까지의 수를 모으고 가르는 활동을 해요. 그리고 수를 10씩 묶어 세는 활동을 통해 몇십몇을 알고 읽고 쓰는 공부를 하지요. 또한 50까지의 수의 범위에서 수의 순서를 알아보고, 수의 크기를 비교하는 활동을 해요. 몇십몇처럼 큰 수를 다룰 때는 수 모형이나 물건을 이용하여 수를 나타내고 크기를 비교하면 편리할 때가 많아요. 수와 친해지도록 노력해 보세요.

연산의 발견 | 사용 설명서

나?
내 이름은
똑개!

똑똑한 개념연결,
똑개야!

각 단계의 제목

새 교육과정의
교과서 진도와 맞추었어요.
학교에서 배운 것을 바로 복습하며
문제를 풀어봐요. 하루에 두 쪽씩
진도에 맞춰 문제를 풀다 보면
나도 연산왕!

개념연결

구체적인 문제와 문제의 연결로 이루어져 있어요.
실수가 잦거나 헷갈리는 문제가 있다면
전 단계의 개념을 완전히 이해 못한 것이에요.
자기주도적으로 복습 혹은 예습을 할 수 있게 도와줍니다.

배운 것을 기억해 볼까요?

이전에 학습한 내용을 알고 있는지
확인해보는 선수 학습이에요.
개념연결과 짝을 이뤄 학습 결손이
생기지 않도록 만든 장치랍니다.
배웠다고 넘어가지 말고 어떻게 현 단계와
연결되는지 생각하면서 문제를 풀어보세요.

30초 개념

교과서에 나와 있는 개념 설명을 핵심만 추려
정리했어요. 해당 내용의 주제나 정리를
제목으로 크게 넣었어요. 제목만 큰 소리로 읽어봐도
개념을 이해하는 데 도움이 될 거예요.
그 아래에는 자세한 개념 설명과 풀이 방법을 넣었어요.

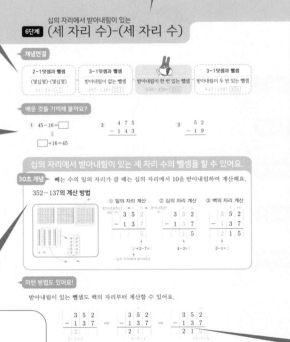

월 / 일 / ☆☆☆☆☆

수학은 주어진 문제를 이해하고 차근히 해결해나가는 것이
중요해요. 그래서 시간제한이 없는 대신
본인의 성취를 별☆로 표시하도록 했어요.
80% 이상 문제를 맞혔을 경우 다음 페이지로(별 4~5개),
그 이하인 경우 개념 설명을 다시 읽어보도록 해요.
완전히 이해가 되면 속도는 자연히 따라붙어요.

개념 익히기

30초 개념에서 다루었던 개념이
그대로 적용된 필수 문제예요.
똑개의 친절한 설명을 따라
문제를 풀다 보면 연산의 기본자세를
잡을 수 있어요.

덤

선생님들의 꿀팁이에요.
교육 현장에서 학생들이
자주 실수하거나
헷갈리는 문제에 대해
짤막하게 설명해줘요.

이런 방법도 있어요!

문제를 푸는 방법이 하나만 있는 건 아니에요.
수학은 공식으로만 푸는 것이 아닌,
생각하는 학문이랍니다. 선생님들이 좀 더 쉽게
개념을 이해할 수 있는 방법이나 다르게
생각할 수 있는 방법들을 제시했어요.

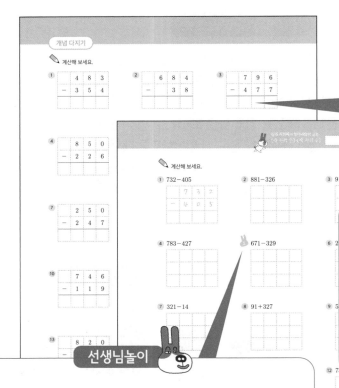

개념 다지기

개념 익히기보다 약간 난이도가 높은 실전 문제들이에요. 특히 개념을 완벽하게 이해하도록 도와주는, 손으로 직접 쓰는 필산 문제가 들어 있어요. 필산을 하면 계산 경로가 기록되기 때문에 실수가 줄고 논리적 사고력이 길러져요.

돌발 문제

똑같은 유형의 문제가 반복되면 생각하지 않고 문제를 풀게 되지요. 하지만 문제 중간에 엉뚱한 돌발 문제가 출몰한다면 생각의 끈을 놓을 수 없을 거예요. 덤으로, 어떤 문제를 맞닥뜨려도 풀어낼 수 있는 힘을 얻게 된답니다.

선생님놀이

답이 맞았다고 해도 풀이 과정을 말로 설명하지 못하면 개념을 이해하지 못한 거예요. 부모님이나 친구에게 설명을 해보세요. 그리고 답지에 나와 있는 모범 해설과 대조해보면 내가 이 문제를 얼마만큼 이해했는지 알 수 있을 거예요.

개념 키우기

일상에서 벌어지는 다양한 상황이 서술형 문제로 나옵니다. 새 교육과정에서 문장제의 비중이 높아지고 있습니다. 문장제는 생활 속에서 일어나는 상황을 수학적으로 이해하고 식으로 써서 답을 내는 과정이 중요한 문제로, 수학적으로 생각하는 힘을 키워줘요.

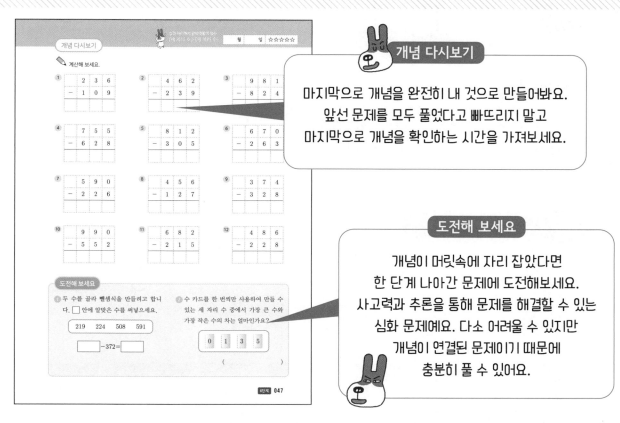

개념 다시보기

마지막으로 개념을 완전히 내 것으로 만들어봐요.
앞선 문제를 모두 풀었다고 빠뜨리지 말고
마지막으로 개념을 확인하는 시간을 가져보세요.

도전해 보세요

개념이 머릿속에 자리 잡았다면
한 단계 나아간 문제에 도전해보세요.
사고력과 추론을 통해 문제를 해결할 수 있는
심화 문제예요. 다소 어려울 수 있지만
개념이 연결된 문제이기 때문에
충분히 풀 수 있어요.

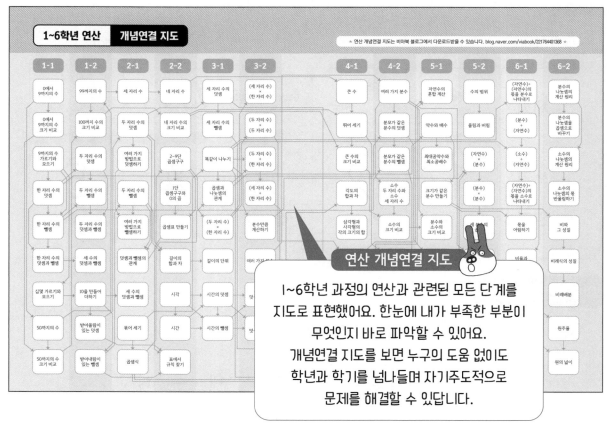

연산 개념연결 지도

1~6학년 과정의 연산과 관련된 모든 단계를
지도로 표현했어요. 한눈에 내가 부족한 부분이
무엇인지 바로 파악할 수 있어요.
개념연결 지도를 보면 누구의 도움 없이도
학년과 학기를 넘나들며 자기주도적으로
문제를 해결할 수 있답니다.

개념연결

5까지의 수 세기	1-19까지의 수	1-150까지의 수	1-2100까지의 수
2-3-4	9까지의 수 세기	50까지의 수 세기	100까지의 수 세기
	7-8-9	29-30-31	98-99-100

배운 것을 기억해 볼까요?

| 1 | ↓1 1 1 1 | 2 | 2 2 2 2 | 3 | 3 3 3 3 |
| 4 | 4 4 4 4 | 5 | 5 5 5 5 | | |

5까지의 수를 셀 수 있어요.

30초 개념 하나, 둘, 셋, 넷, 다섯 이렇게 순서대로 수를 세요.

5까지의 수

세기	🍬	✈✈	🚗🚗🚗	✏✏✏✏	⚾⚾⚾⚾⚾
	▢	▢▢	▢▢▢	▢▢▢▢	▢▢▢▢▢
쓰기	1	2	3	4	5
읽기	일, 하나	이, 둘	삼, 셋	사, 넷	오, 다섯

이런 방법도 있어요!

수는 두 가지 방법으로 읽을 수 있어요.

하나	둘	셋	넷	다섯
일	이	삼	사	오

 수에 맞게 색칠해 보세요.

1. **2** 🍌🍌🍌🍌🍌

2만큼 색칠해요.

2. **5** 🍎🍎🍎🍎🍎

3. **4** 🍓🍓🍓🍓🍓

4. **1** ◯◯◯◯◯

5. **3** 🍅🍅🍅🍅🍅

6. **4** ◯◯◯◯◯

7. **5** ◯◯◯◯◯

8. **2** 🍍🍍🍍🍍🍍

9. **1** 🥕🥕🥕🥕🥕

10. **3** 🍀🍀🍀🍀🍀

개념 다지기

수에 맞게 ◯를 그려 보세요.

1 2

2 일

3 둘

4 5

5 넷

6 오

7 삼

8 4

9 사

10 다섯

11 3

12 1

✏️ 수를 세어 ☐ 안에 알맞은 수를 써넣으세요.

1

☐

2

☐

3

☐

4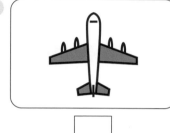

☐

5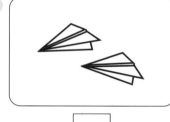

☐

6

☐

7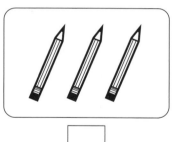

☐

8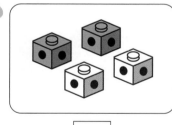

☐

9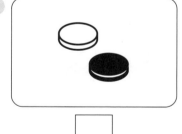

☐

10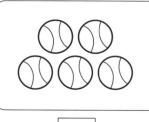

☐

11

☐

12

☐

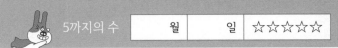

 문제를 해결해 보세요.

1 수를 세어 알맞게 선으로 이어 보세요.

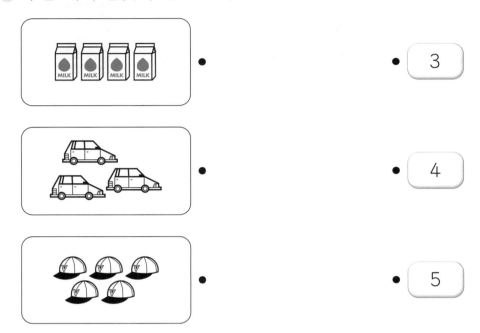

2 수를 세어 □ 안에 알맞은 수를 써넣으세요.

(1)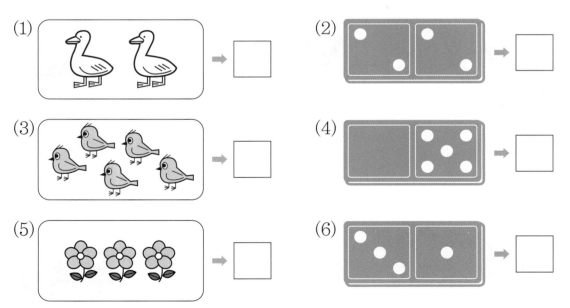

(2)

(3)

(4)

(5)

(6)

✏️ 수에 맞게 ◯를 그려 보세요.

1 **3**

2 **5**

3 **넷**

4 **l**

5 **삼**

6 **2**

7 **오**

8 **하나**

도전해 보세요

1 수를 순서에 맞게 선으로 이어 보세요.

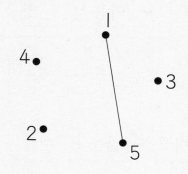

2 ☐ 안에 알맞은 수를 써넣으세요.

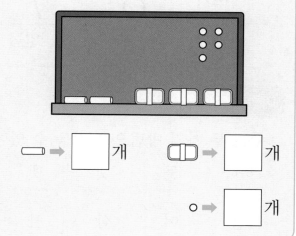

개념연결

1-19까지의 수	9까지의 수 세기	1-150까지의 수	1-2100까지의 수
5까지의 수 세기		50까지의 수 세기	100까지의 수 세기
3 - 4 - ⑤	⑥ - 7 - 8	③⑨ - 40 - 41	98 - ⑨⑨ - 100

배운 것을 기억해 볼까요?

1. 4 · 3 · 5 · 2 · |

9까지의 수를 셀 수 있어요.

30초 개념 여섯, 일곱, 여덟, 아홉 이렇게 순서대로 수를 세요.

9까지의 수

세기	🍓	🍓	🍓	🍓	⬭
	▦	▦	▦	▦	
쓰기	6	7	8	9	0
읽기	육, 여섯	칠, 일곱	팔, 여덟	구, 아홉	영

이런 방법도 있어요!

수는 두 가지 방법으로 읽을 수 있어요.

하나	둘	셋	넷	다섯	여섯	일곱	여덟	아홉
일	이	삼	사	오	육	칠	팔	구

수에 맞게 색칠해 보세요.

1 **7**

7만큼
색칠해요.

2 **6**

3 **9**

4 **5**

5 **8**

6 **3**

7 **4**

8 **9**

9 **6**

10 **7**

수에 맞게 ◯를 그려 보세요.

1 **8** ◯◯◯◯◯
◯◯◯

2

3 **9**

4

5 **구**

6

7 **7**

8

9 **6**

10 **팔**

11 **칠**

12

✎ 수를 세어 ☐ 안에 알맞은 수를 써넣으세요.

1
☐ (6)

2
☐

3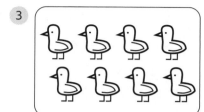
☐

4
☐

5
☐

6
☐

7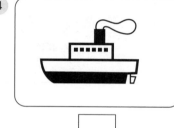
☐

8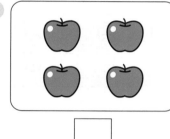
☐

9
☐

10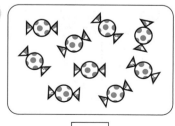
☐

11
☐

12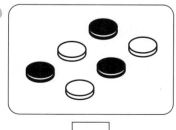
☐

| 월 | 일 | ☆☆☆☆☆ |

개념 키우기

 문제를 해결해 보세요.

1 수를 세어 알맞게 선으로 이어 보세요.

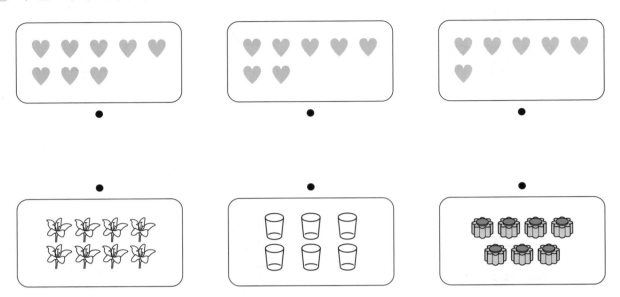

2 수를 세어 □ 안에 알맞은 수를 써넣으세요.

(1) →

(2) →

(3) →

(4)

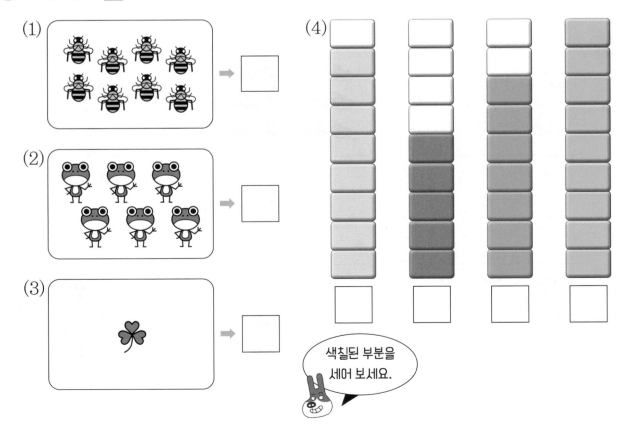

색칠된 부분을
세어 보세요.

개념 다시보기

수에 맞게 ◯를 그려 보세요.

1 **7**

2 **8**

3 **육**

4 **여덟**

5 **칠**

6 **9**

7 **구**

8 **6**

도전해 보세요

1 빈 곳에 알맞은 수를 써넣으세요.

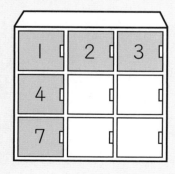

2 물고기는 모두 몇 마리인가요?

(   )마리

개념연결

| 1-19까지의 수 |
| 9까지의 수 세기 |
| 5-6-7-8 |

수의 순서

8-7-6

| 1-150까지의 수 |
| 수의 순서 |
| 24-25-26-27 |

| 1-2100까지의 수 |
| 수의 순서 |
| 79-80-81-82 |

배운 것을 기억해 볼까요?

1  → □

2  → □

몇째인지 알 수 있어요.

30초 개념

순서를 셀 때는 앞에서부터 차례대로 빠짐없이 하나씩 세요.
바로 앞의 수는 1 작은 수, 바로 뒤의 수는 1 큰 수가 돼요.

수의 순서

첫째　　둘째　　셋째　　넷째　　다섯째　여섯째　일곱째　여덟째　아홉째

| 1 | 2 | 3 | 4 | 5 | 6 | 7 | 8 | 9 |

이런 방법도 있어요!

거꾸로 수를 셀 수 있어요.

| 9 | 8 | 7 | 6 | 5 | 4 | 3 | 2 | 1 |

개념 익히기

 순서에 맞게 빈 곳에 알맞은 수를 써넣으세요.

1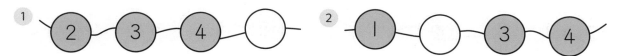

2

3

4

5

6

7

8

9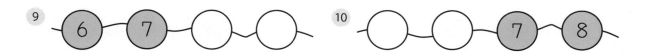

10

순서를 거꾸로 하여 빈 곳에 알맞은 수를 써넣으세요.

1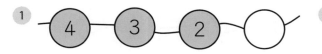

2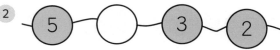

3
4

5
6

7
8

9
10

빈 곳에 알맞은 수를 써넣으세요.

1
2 3 4 □ □

2
□ 4 5 □ □

3
5 6 □ □ □

4
□ □ □ □ 5

5
□ □ □ 4 3

6
9 □ 7 □ □

7
□ 5 □ □ 2

8
4 □ 6 □ □

9
7 □ □ 4 □

10
8 7 □ □ □

개념 키우기

✏️ 문제를 해결해 보세요.

① 수를 순서대로 이어 미로를 탈출해 보세요.

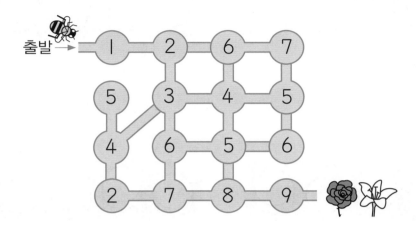

② 그림을 보고 몇째인지 선으로 이어 보세요.

| 첫째 | 넷째 | 일곱째 | 여섯째 |

개념 다시보기

 빈 곳에 알맞은 수를 써넣으세요.

1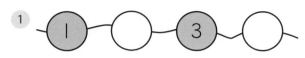

2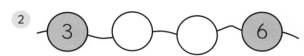

3

4

5

6

7

8

9

10

도전해 보세요

1 더 큰 수에 ◯표 하세요.

| 4 | 7 |

2 빈 곳에 알맞은 수를 써넣으세요.

1 작은 수　　5　　1 큰 수

개념연결

┌─────────────────┐   ┌─────────────────┐   ┌─────────────────┐   ┌─────────────────┐
│ **1-19까지의 수** │   │   │   │ **1-150까지의 수** │   │ **1-2100까지의 수** │
│   수의 순서   │   │ ┃ 큰 수와 ┃ 작은 수 │   │ ┃ 큰 수와 ┃ 작은 수 │   │ ┃ 큰 수와 ┃ 작은 수 │
│ 5-6-7-8   │   │   5-6-7   │   │ 39-40-41   │   │ 98-99-100   │
└─────────────────┘   └─────────────────┘   └─────────────────┘   └─────────────────┘

배운 것을 기억해 볼까요?

1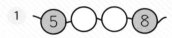

2

┃ 큰 수와 ┃ 작은 수를 알 수 있어요.

30초 개념 ▶ 어떤 수에 하나를 더하면 ┃ 큰 수가 되고,
어떤 수에서 하나를 빼면 ┃ 작은 수가 돼요.

┃ 큰 수

6   **1 큰 수** →   7

┃ 작은 수

6   **1 작은 수** →   5

이런 방법도 있어요!

아무것도 없는 것을 0이라 쓰고, 영이라 읽어요.

   ┃   **1 작은 수** →   0

개념 익히기

✏️ 빈칸에 1 큰 수 또는 1 작은 수만큼 ◯를 그리고 ⬜ 안에 알맞은 수를 써넣으세요.

1
 1 큰 수 ➡
3

구슬의 수보다
1 개 더 많이 그려요.

2
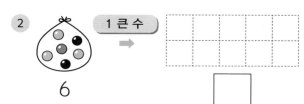 1 큰 수 ➡
6

3
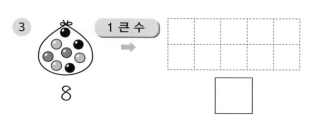 1 큰 수 ➡
8

4
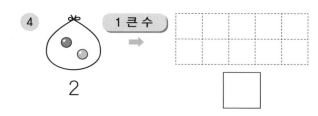 1 큰 수 ➡
2

5
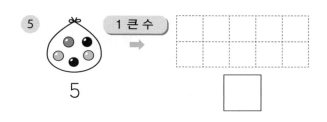 1 큰 수 ➡
5

6
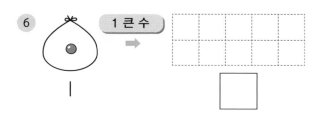 1 큰 수 ➡
1

7
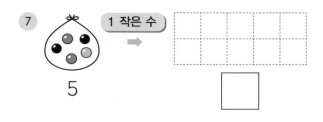 1 작은 수 ➡
5

8
 1 작은 수 ➡
8

9
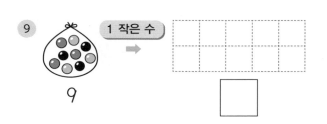 1 작은 수 ➡
9

10
 1 작은 수 ➡
4

빈 곳에 알맞은 수를 써넣으세요.

1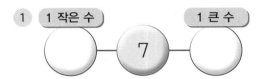

2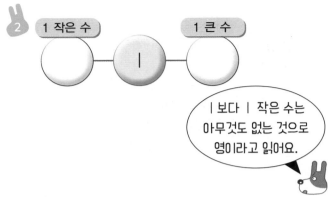

3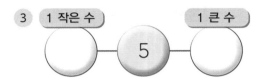

4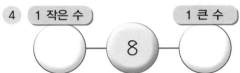

5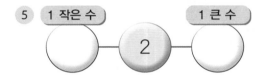

6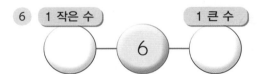

7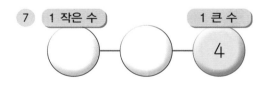

8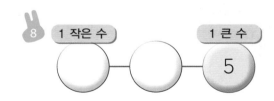

9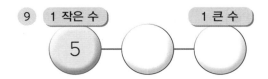

10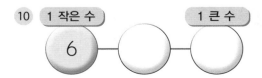

□ 안에 알맞은 수를 써넣으세요.

1 6 → **1 큰 수** □

2 8 → **1 큰 수** □

3 7 → **1 큰 수** □

4 1 → **1 큰 수** □

5 3 → **1 작은 수** □

6 5 → **1 작은 수** □

7 9 → **1 작은 수** □

8 1 → **1 작은 수** □

9 6 → **1 작은 수** □

10 8 → **1 작은 수** □

개념 키우기

✏️ 문제를 해결해 보세요.

1 ☐ 안에 알맞은 수를 써넣으세요.

(1) 5보다 1 작은 수는 ☐ 입니다.

(2) 7보다 1 큰 수는 ☐ 입니다.

2 ☐ 안에 알맞은 수를 써넣으세요.

(1)
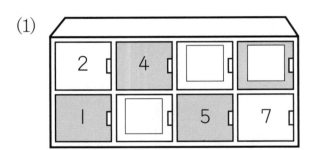

(2)
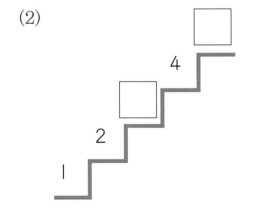

(3)
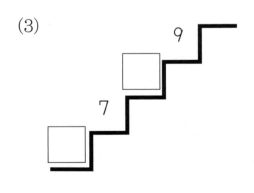

개념 다시보기

✏️ 빈 곳에 알맞은 수를 써넣으세요.

1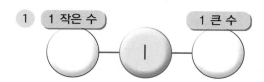

2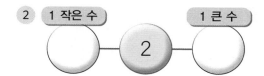

3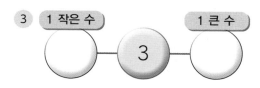

4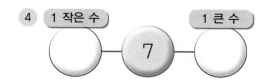

5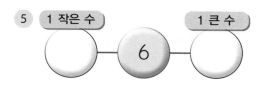

6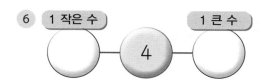

7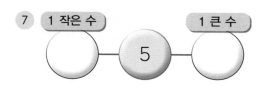

8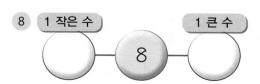

도전해 보세요

1 규칙을 찾아 ☐ 안에 알맞은 수를 써넣으세요.

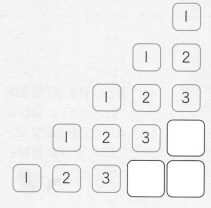

2 빈 곳에 알맞은 수를 써넣으세요.

일	월	화	수	목	금	토
			1	2	☐	4
☐	6	☐	8	9	10	11

개념연결

1-19까지의 수		1-150까지의 수	1-2100까지의 수
수의 순서	크기 비교	크기 비교	크기 비교
5 - 6 - 7	9는 7보다 큽니다.	37 < 40	79 < 100

배운 것을 기억해 볼까요?

1 1 작은 수

6 ➡ ☐

2 1 작은 수   1 큰 수

3

4 1 큰 수

3   ☐

어느 수가 더 큰지 알 수 있어요.

30초 개념 ➤ 수를 순서대로 셀 때 나중에 세는 수가 더 큰 수예요.

두 수의 크기 비교

토마토 7개   딸기 5개

토마토는 딸기보다 (많습니다, 적습니다).
➡ 7은 5보다 (큽니다, 작습니다).

딸기는 토마토보다 (많습니다, 적습니다).
➡ 5는 7보다 (큽니다, 작습니다).

이런 방법도 있어요!

두 수의 크기를 비교할 때 쓰는 말

☐는 △보다 큽니다. ➡ 5는 3보다 큽니다.
△는 ☐보다 작습니다. ➡ 3은 5보다 작습니다.

물건의 양을 비교할 때는 '많다', '적다'로 말하고, 수의 크기를 비교할 때는 '크다', '작다'로 말해요.

✏️ 그림의 수를 세어 ☐ 안에 알맞게 써넣고, 알맞은 말에 ◯표 하세요.

1

5는 ☐ 보다 (큽니다, 작습니다).

2

3은 ☐ 보다 (큽니다, 작습니다).

3

3은 ☐ 보다 (큽니다, 작습니다).

4
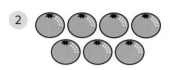 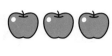

8은 ☐ 보다 (큽니다, 작습니다).

5

1은 ☐ 보다 (큽니다, 작습니다).

6
 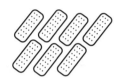

6은 ☐ 보다 (큽니다, 작습니다).

7

☐ 은 3보다 (큽니다, 작습니다).

8

4는 ☐ 보다 (큽니다, 작습니다).

9

☐ 은 5보다 (큽니다, 작습니다).

10

☐ 은 9보다 (큽니다, 작습니다).

두 수의 크기를 비교하여 더 큰 수에 ◯표 하세요.

1 | 4 | 6 |

2 | 3 | 8 |

3 | 7 | 2 |

4 | 9 | 1 |

5 | 6 | 0 |

6 | 4 | 7 |

7 | 2 | 8 |

8 | 6 | 3 |

9 | 9 | 5 |

10 | 1 | 2 |

✏️ 수만큼 ◯를 그리고, 알맞은 말에 ◯표 하세요.

1 **6**

　4 ◯ ◯ ◯ ◯

6은 4보다 (큽니다, 작습니다).

 2 **5**

　7

5는 7보다 (큽니다, 작습니다).

3 **3**

　8

3은 8보다 (큽니다, 작습니다).

4 **7**

　6

7은 6보다 (큽니다, 작습니다).

5 **9**

　2

9는 2보다 (큽니다, 작습니다).

개념 키우기

 문제를 해결해 보세요.

1 그림의 수를 세어 ☐ 안에 알맞게 써넣고, 알맞은 말에 ◯표 하세요.

(1)

(2)
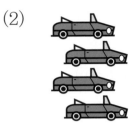 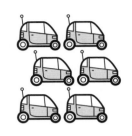

7은 ☐ 보다 (큽니다, 작습니다).   4는 ☐ 보다 (큽니다, 작습니다).

(3)
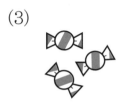 

(4)
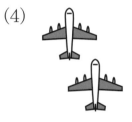 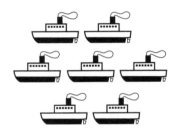

☐ 은 5보다 (큽니다, 작습니다).   ☐ 는 7보다 (큽니다, 작습니다).

2 ☐ 안에 알맞은 수를 써넣으세요.

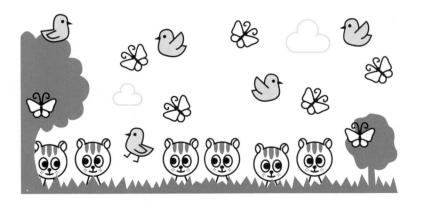
 ☐
 ☐
 ☐

(1) 가장 큰 수는 ☐ 입니다.

(2) 가장 작은 수는 ☐ 입니다.

개념 다시보기

 두 수의 크기를 비교하여 더 큰 수에 ◯표 하세요.

1
| 0 | 5 |

2
| 4 | 3 |

3
| 8 | 2 |

4
| 6 | 9 |

5
| 3 | 5 |

6
| 7 | 1 |

7
| 6 | 4 |

8
| 9 | 2 |

도전해 보세요

1 ☐ 안에 알맞은 수를 써넣으세요.

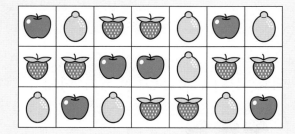

 ☐   ☐   ☐

2 6보다 작은 수에 모두 색칠해 보세요.

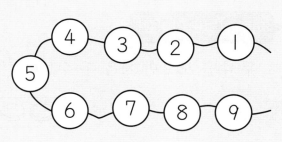

개념연결

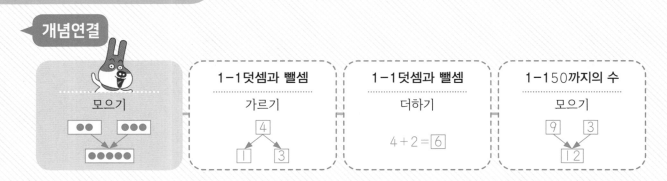

1-1덧셈과 뺄셈	1-1덧셈과 뺄셈	1-150까지의 수

배운 것을 기억해 볼까요?

□는 □보다 작습니다.

두 수를 모으기 할 수 있어요.

30초 개념

하나의 수를 둘로 가르거나 두 수를 하나로 모을 수 있어요.
모으기는 덧셈의 기초가 돼요.

모으기

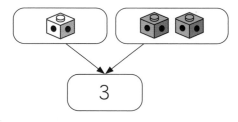

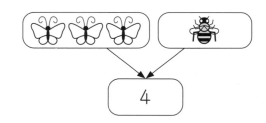

1과 2를 모으면 3이 됩니다.

3과 1을 모으면 4가 됩니다.

이런 방법도 있어요!

두 수를 모으면 처음 두 수보다 큰 수가 돼요. 2와 3을 모으면 5가 되지요.

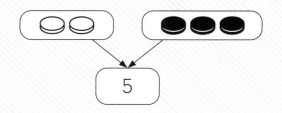

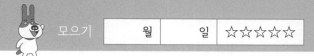
개념 익히기

 ☐ 안에 알맞은 수를 써넣으세요.

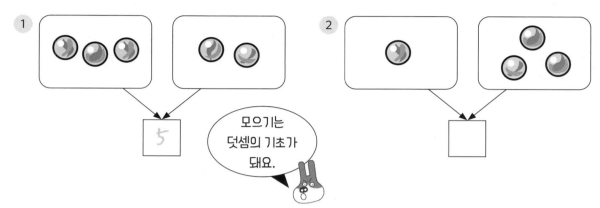

1 5

모으기는 덧셈의 기초가 돼요.

2

3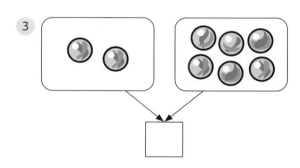

4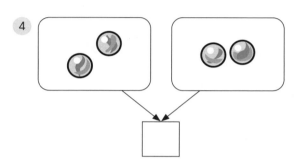

5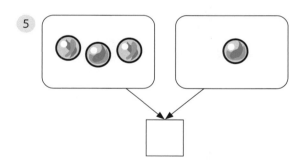

6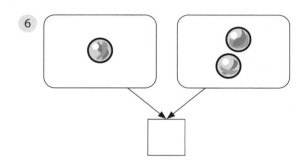

7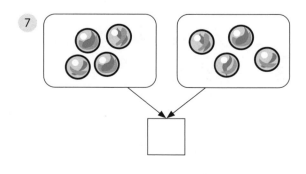

8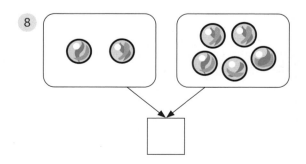

✏️ 빈 곳에 알맞은 수를 써넣으세요.

1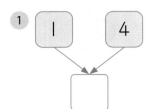

2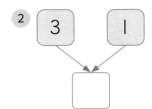

3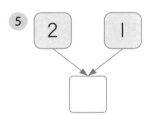

4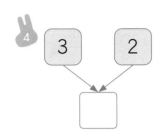

5

6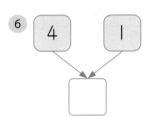

7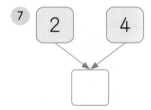

8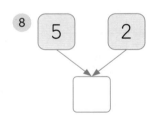

9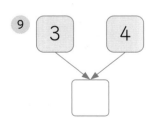

10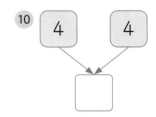

11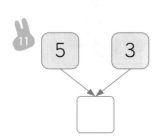

12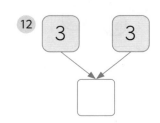

✏️ 빈 곳에 알맞은 수를 써넣으세요.

1) 1 2 → ☐

2) 1 4 → ☐

3) 2 2 → ☐

4) 3 2 → ☐

5) 4 1 → ☐

6) 3 1 → ☐

7) 4 4 → ☐

8) 3 6 → ☐

9) 5 4 → ☐

10) 2 7 → ☐

11) 6 2 → ☐

12) 4 3 → ☐

13) 7 1 → ☐

14) 1 8 → ☐

15) 5 2 → ☐

개념 키우기

✏️ 문제를 해결해 보세요.

1 두 수를 모아 ♥ 안의 수가 되도록 선으로 이어 보세요.

(1)

(2)

2 모으기 규칙을 찾아 빈 곳에 알맞은 수를 써넣으세요.

(1)

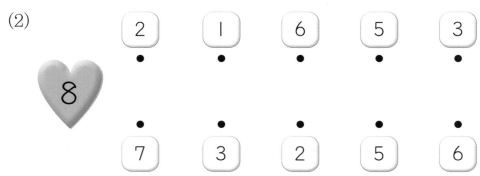

(2)

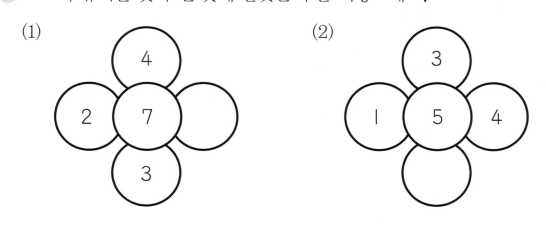

개념 다시보기

✎ 빈 곳에 알맞은 수를 써넣으세요.

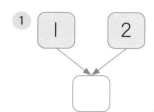

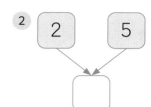

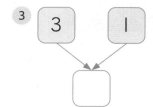

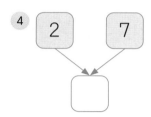

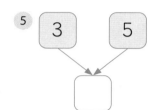

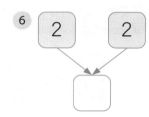

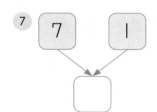

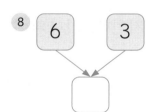

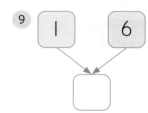

도전해 보세요

① 모으기를 하여 8이 되도록 두 수를 묶어 보세요.

2	1	5
6	3	8
1	4	4

② 빈 곳에 알맞은 수를 써넣으세요.

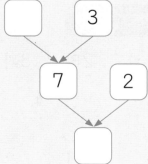

개념연결

1-1덧셈과 **뺄셈**	가르기	1-1덧셈과 **뺄셈**	1-150까지의 수
모으기	8 → 2, 6	빼기	모으기
2, 7 → 9		6-2=4	5, 8 → 13

배운 것을 기억해 볼까요?

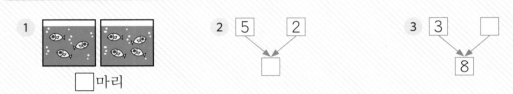

1 □마리

2 5 2 → □

3 3 □ → 8

한 수를 두 수로 가르기 할 수 있어요.

30초 개념

모으기 방법은 한 가지인데, 하나의 수를 두 수로 가르는 방법은
여러 가지예요. 가르기는 모으기와 반대로 생각하면 돼요.
모으기와 가르기는 덧셈과 뺄셈을 하는 데 기초가 돼요.

가르기

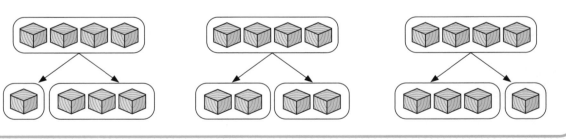

이런 방법도 있어요!

4는 1과 3, 2와 2, 3과 1로 가르기 할 수 있어요.

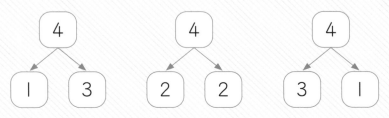

가르기

| 월 | 일 | ☆☆☆☆☆ |

 □ 안에 알맞은 수를 써넣으세요.

1

1 ⬜

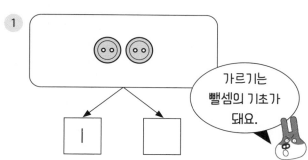
가르기는 빨셈의 기초가 돼요.

2

3 ⬜

3

⬜ 2

4

⬜ 1

5

4 ⬜

6

2 ⬜

7

3 ⬜

8

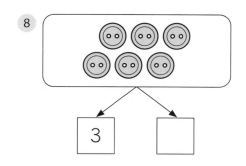

3 ⬜

✏️ 빈 곳에 알맞은 수를 써넣으세요.

1
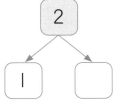

2
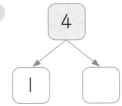

3
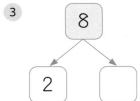

4
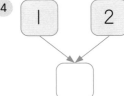

5
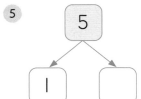

6
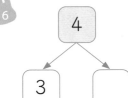

7
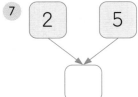

8
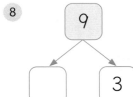

9
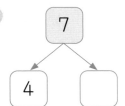

10
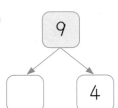

11
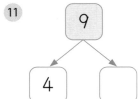

12
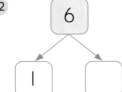

빈 곳에 알맞은 수를 써넣으세요.

1
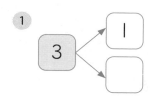

2
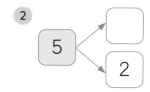

3
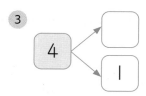

4
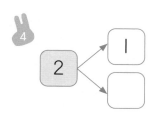

5
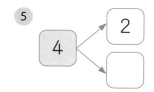

6
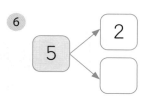

7
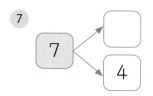

8
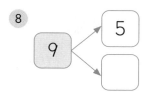

9
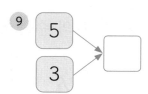

10
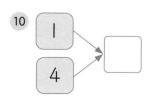

11
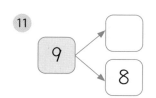

12
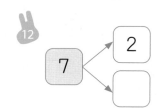

13
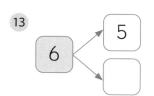

14
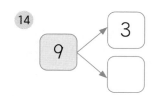

15
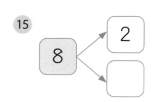

개념 키우기

✎ 문제를 해결해 보세요.

1 그림을 보고 두 가지 방법으로 가르기 해 보세요.

(1)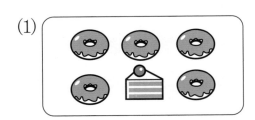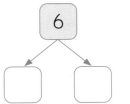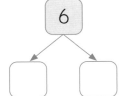

(2)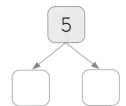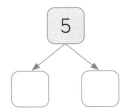

2 ☐ 안의 수를 두 수로 가르기 해 보세요.

(1)
4	3	l			l
	l			2	1

(2)
8		3		5	4
	2		7		

(3)
6	l		3		
		2		4	5

(4)
7		l	6	3	
	4				2

개념 다시보기

✏️ 빈 곳에 알맞은 수를 써넣으세요.

①
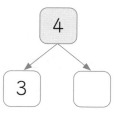
```
    4
   ↙ ↘
  3     □
```

②
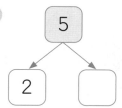
```
    5
   ↙ ↘
  2     □
```

③
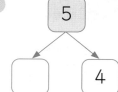
```
    5
   ↙ ↘
  □     4
```

④
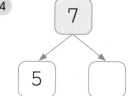
```
    7
   ↙ ↘
  5     □
```

⑤
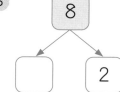
```
    8
   ↙ ↘
  □     2
```

⑥
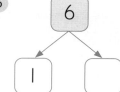
```
    6
   ↙ ↘
  1     □
```

⑦
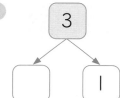
```
    3
   ↙ ↘
  □     1
```

⑧
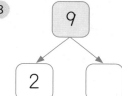
```
    9
   ↙ ↘
  2     □
```

⑨
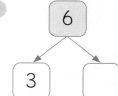
```
    6
   ↙ ↘
  3     □
```

도전해 보세요

① 8을 3으로 가르기 하려고 합니다. 빈 곳에 알맞은 모양을 그려 넣고, 알맞은 수를 써넣으세요.

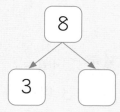
```
    8
   ↙ ↘
  3     □
```

② 바구니에 공을 담으려고 합니다. 몇 개씩 나누어 담을 수 있나요?

1	
2	3
	2
4	

8단계 덧셈식으로 나타내기

개념연결

1-1 덧셈과 뺄셈	덧셈식	1-2 덧셈과 뺄셈(1)	1-2 덧셈과 뺄셈(1)
모으기	$1+2=3$	(몇십)+(몇십)	(몇십몇)+(몇십몇)
		$20+50=70$	$24+14=38$

배운 것을 기억해 볼까요?

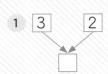

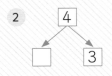

3 (1) $19- \boxed{} -21$

(2) $28- \boxed{} -30$

덧셈식으로 나타낼 수 있어요.

30초 개념

덧셈 상황에서 덧셈식은 '+'와 '='을 사용하여 나타내요.
'+'는 앞뒤의 수를 더한다는 뜻이고 '='은 서로 같다는 뜻이에요.

덧셈식으로 나타내고 읽기

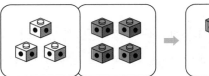

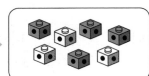

쓰기 $3+4=7$

읽기 3 더하기 4는 7과 같습니다.
3과 4의 합은 7입니다.

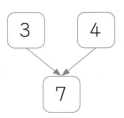

3과 4를 모으기 하면 7이 돼요.

이런 방법도 있어요!

더하기는 +로 표시하며 더하기라고 읽어요.
=은 같다는 뜻으로 '는'이라고 읽어요.

쓰기 $3+4=7$

읽기 3 더하기 4는 7

그림을 보고 ☐ 안에 알맞은 수를 써넣으세요.

1

$$3+2=\boxed{}$$

2

$$5+\boxed{}=8$$

3

$$2+\boxed{}=\boxed{}$$

4

$$\boxed{}+1=\boxed{}$$

5

$$\boxed{}+3=\boxed{}$$

6

$$4+\boxed{}=\boxed{}$$

7

$$6+\boxed{}=\boxed{}$$

8

$$\boxed{}+4=\boxed{}$$

그림을 보고 알맞은 덧셈식을 만들어 보세요.

1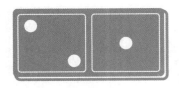

| 2 | + | 1 | = | 3 |

2

| | + | | = | |

3

| | + | | = | |

4

| | + | | = | |

5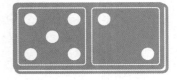

| | + | | = | |

6

| | + | | = | |

7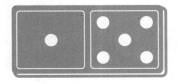

| | + | | = | |

8

| | + | | = | |

그림을 보고 알맞은 덧셈식을 쓰세요.

1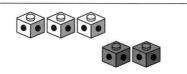

| 3 | + | 2 | = | 5 |

2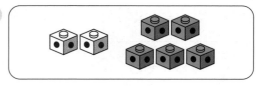

| | | | | |

3

| | | | | |

4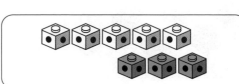

| | | | | |

5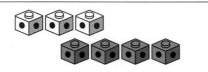

| | | | | |

6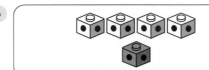

| | | | | |

7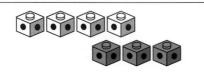

| | | | | |

8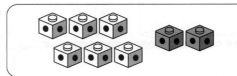

| | | | | |

9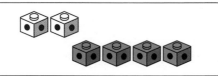

| | | | | |

10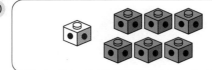

| | | | | |

개념 키우기

문제를 해결해 보세요.

1 그림과 알맞은 덧셈식을 선으로 이어 보세요.

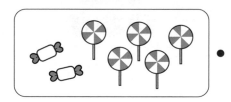

• 3+4

• 5+1

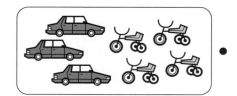

• 2+5

2 그림을 보고 물음에 답하세요.

(1) ⬜모양과 ⬛모양은 모두 몇 개인지 덧셈식으로 알아보세요.

(2) ⚪모양과 △모양은 모두 몇 개인지 덧셈식으로 알아보세요.

그림을 보고 알맞은 덧셈식을 만들어 보세요.

①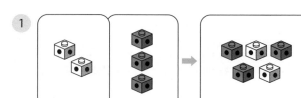

$$\boxed{} + \boxed{} = \boxed{}$$

②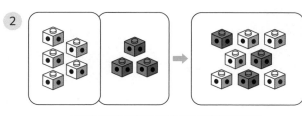

$$\boxed{} + \boxed{} = \boxed{}$$

③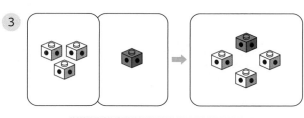

$$\boxed{} + \boxed{} = \boxed{}$$

④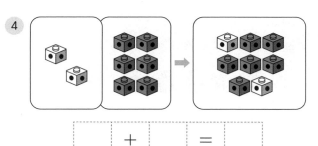

$$\boxed{} + \boxed{} = \boxed{}$$

⑤

$$\boxed{} + \boxed{} = \boxed{}$$

⑥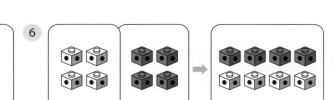

$$\boxed{} + \boxed{} = \boxed{}$$

도전해 보세요

① 그림을 보고 ☐ 안에 알맞은 수를 써넣으세요.

$$\boxed{} + 2 = \boxed{}$$

② 그림을 보고 ☐ 안에 알맞은 수를 써넣으세요.

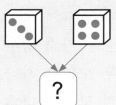

$$3 + 4 = \boxed{}$$

개념연결

1-1덧셈과 뺄셈	더하기	1-2덧셈과 뺄셈(1)	1-2덧셈과 뺄셈(1)
모으기 	$6+2=\boxed{8}$	(몇십)+(몇십) $40+30=\boxed{70}$	(몇십몇)+(몇십몇) $35+24=\boxed{59}$

배운 것을 기억해 볼까요?

1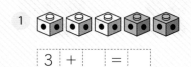

$\boxed{3} + \boxed{} = \boxed{}$

2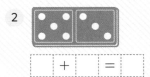

$\boxed{} + \boxed{} = \boxed{}$

덧셈을 할 수 있어요.

30초 개념

덧셈은 두 수를 모으는 것과 같아요.
두 수를 모아 모두 몇인지 세어 보면 두 수의 합을 알 수 있어요.

덧셈하기

방법1 처음부터 1, 2, 3, 4, 5, 6 이렇게 수를 세어 덧셈을 해요.

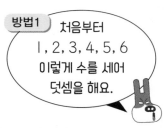

방법2 4하고 5, 6 이렇게 이어 세기를 하여 덧셈을 할 수도 있어요.

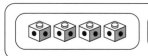 **덧셈식** $4+2=\boxed{6}$

이런 방법도 있어요!

덧셈에는 두 가지 경우가 있어요.
첫째는 두 모임을 하나로 합치는 것이고,
둘째는 한 모임에 다른 모임을 더하는 것이에요.

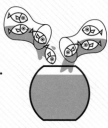 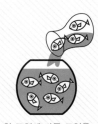

두 모임을 합치는 경우   한 모임에 다른 모임을 더하는 경우

개념 익히기

물고기 수만큼 ◯를 그리고, □ 안에 알맞은 수를 써넣으세요.

1

3+4=□

2

3+5=□

3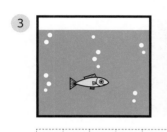

1+5=□

4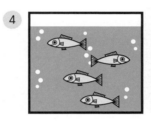

4+3=□

5

2+3=□

6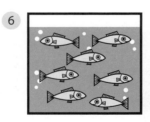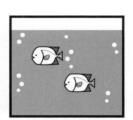

7+2=□

7

6+2=□

8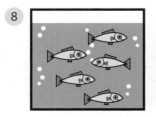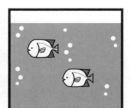

5+2=□

✏️ 그림을 보고 ☐ 안에 알맞은 수를 써넣으세요.

1

$1+3=$ ☐

2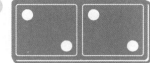

$2+2=$ ☐

3

$3+6=$ ☐

4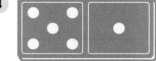

$5+1=$ ☐

5

$4+2=$ ☐

6

$3+4=$ ☐

7

$2+6=$ ☐

8

$5+4=$ ☐

9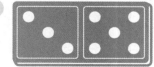

$3+5=$ ☐

10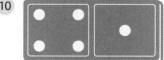

$4+1=$ ☐

✏️ 빈 곳에 알맞은 수를 써넣으세요.

1

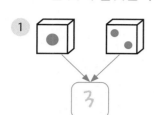

$1+2=\boxed{}$

$\boxed{3}$

2

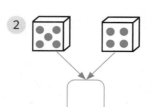

$5+4=\boxed{}$

3

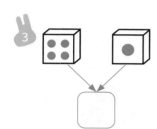

$4+1=\boxed{}$

4

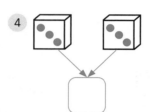

$3+\boxed{}=\boxed{}$

5

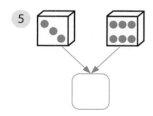

$3+\boxed{}=\boxed{}$

6

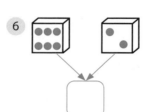

$\boxed{}+\boxed{}=\boxed{}$

7

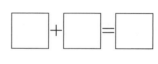

$\boxed{}+\boxed{}=\boxed{}$

8

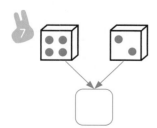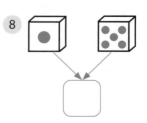

$\boxed{}+\boxed{}=\boxed{}$

9

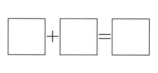

$\boxed{}+\boxed{}=\boxed{}$

10

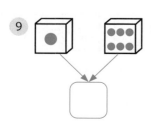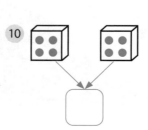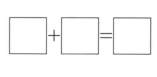

$\boxed{}+\boxed{}=\boxed{}$

개념 키우기

 문제를 해결해 보세요.

1 합이 같은 것끼리 선으로 이어 보세요.

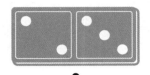      

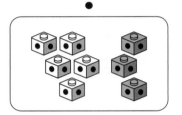   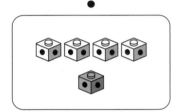   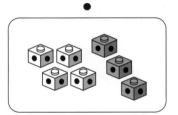

2 그림을 보고 덧셈식을 써 보세요.

(1) 장난감 자동차와 장난감 비행기가 있습니다.

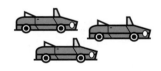   

☐ + ☐ = ☐

(2) 오리들이 놀고 있습니다.

☐ + ☐ = ☐

✏️ 그림을 보고 ☐ 안에 알맞은 수를 써넣으세요.

1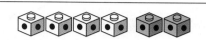

$4+2=$ ☐

2

$1+3=$ ☐

3

$3+4=$ ☐

4

$4+1=$ ☐

5

$1+7=$ ☐

6

$2+3=$ ☐

7

$3+5=$ ☐

8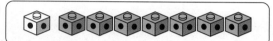

$6+1=$ ☐

도전해 보세요

1 그림을 보고 덧셈을 해 보세요.

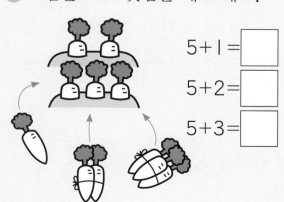

$5+1=$ ☐

$5+2=$ ☐

$5+3=$ ☐

2 그림을 보고 ☐ 안에 알맞은 수를 써넣으세요.

☐ $+4=7$

10단계 덧셈하기 2

개념연결

더하기	1-1 덧셈과 뺄셈	1-2 덧셈과 뺄셈(1)	2-1 덧셈과 뺄셈
	빼기	(몇십)+(몇십)	(몇십몇)+(몇십몇)
1+2=③	7-3=④	60+20=⑧⓪	37+26=⑥③

배운 것을 기억해 볼까요?

1   →

5+3=

2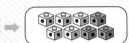

4+2=

덧셈을 할 수 있어요.

30초 개념

덧셈을 할 때는 두 수를 모으는 상황을 떠올려요.
이때 연결큐브(모형)나 바둑돌 같은 도구를 사용하면
덧셈 상황을 쉽게 이해할 수 있어요.

4+3의 계산

방법1 물건 이용하기

모형을 4개, 3개 놓고
하나씩 수를 세어 덧셈을 해요.

방법2 수판 이용하기

○	○	○	○	○
○	○			

수판에 4와 3만큼 ○를 그려
덧셈을 해요.

이런 방법도 있어요!

덧셈은 두 수를 더하는 것이에요.
이때 두 수를 더하는 순서에 따라 덧셈식이 달라질 수 있지만
더하는 순서에 상관없이 덧셈 결과는 같아요.

4+3=7

3+4=7

개념 익히기

✏️ 빈 곳에 알맞은 수를 써넣으세요.

① 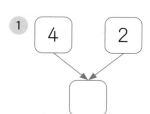 $4+2=\boxed{}$

② 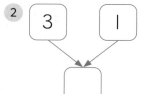 $3+1=\boxed{}$

③ 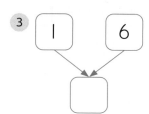 $1+6=\boxed{}$

④ 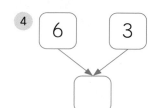 $6+3=\boxed{}$

⑤ $3+2=\boxed{}$

⑥ $4+\boxed{}=\boxed{}$

⑦ 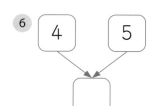 $1+\boxed{}=\boxed{}$

⑧ 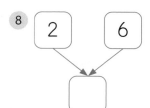 $2+\boxed{}=\boxed{}$

⑨ 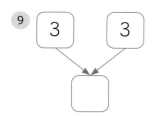 $3+\boxed{}=\boxed{}$

⑩ 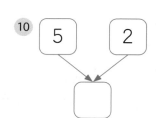 $\boxed{}+2=\boxed{}$

덧셈을 해 보세요.

① 2+2=☐

② 6+1=☐

③ 5+4=☐

④ 4+3=☐

⑤ 5+2=☐

⑥ 3+6=☐

⑦ 2+7=☐

⑧ 2+4=☐

⑨ 4+2=☐

⑩ 1+1=☐

⑪ 1+3=☐

⑫ 5+3=☐

⑬ 2+6=☐

⑭ 2+4=☐

⑮ 5+1=☐

⑯ 4+4=☐

⑰ 1+5=☐

⑱ 3+3=☐

✏️ 모으기를 하고 알맞은 덧셈식을 쓰세요.

1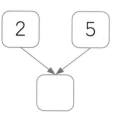

| 2 | + | 5 | = | 7 |

2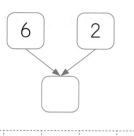

3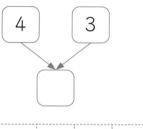

4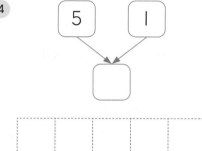

5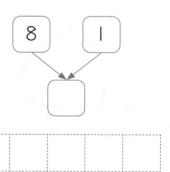

6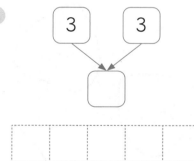

7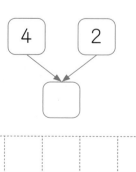

8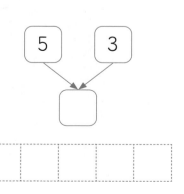

개념 키우기

 문제를 해결해 보세요.

1 합이 같은 것끼리 선으로 이어 보세요.

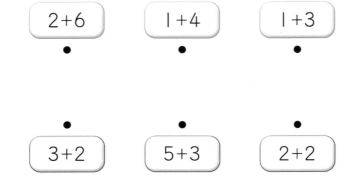

| 2+6 | 1+4 | 1+3 |

| 3+2 | 5+3 | 2+2 |

2 합이 7이 되는 나뭇잎을 찾아 모두 색칠해 보세요.

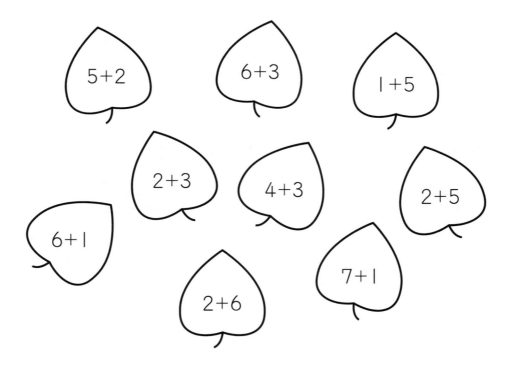

070

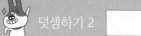

개념 다시보기

 덧셈을 해 보세요.

① 1+6=☐

② 2+5=☐

③ 1+4=☐

④ 2+4=☐

⑤ 5+4=☐

⑥ 2+2=☐

⑦ 4+4=☐

⑧ 6+2=☐

⑨ 3+3=☐

⑩ 2+7=☐

⑪ 4+2=☐

⑫ 1+2=☐

⑬ 4+3=☐

⑭ 3+5=☐

⑮ 1+5=☐

도전해 보세요

① 덧셈식을 완성해 보세요.

2+☐=7

② 빈칸에 알맞은 수를 써넣으세요.

+	3	1	4
5			

뺄셈식으로 나타내기

개념연결

1-1덧셈과 뺄셈	뺄셈식	1-2덧셈과 뺄셈(1)	1-2덧셈과 뺄셈(1)
가르기		(몇십)-(몇십)	(몇십몇)-(몇십몇)
	$5-3=\boxed{2}$	$50-20=\boxed{30}$	$57-25=\boxed{32}$

배운 것을 기억해 볼까요?

1

$2+6=$

2

3

뺄셈식으로 나타낼 수 있어요.

30초 개념

뺄셈식은 빼기 상황을 '−'와 '='을 사용하여 나타내요. '−'는 앞의 수에서 뒤의 수를 뺀다는 뜻이고 '='은 서로 같다는 뜻이에요.

뺄셈식으로 나타내고 읽기

쓰기) $5-2=3$

읽기) 5빼기 2는 3과 같습니다.
5와 2의 차는 3입니다.

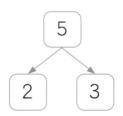

5는 2와 3으로 가르기 할 수 있어요.

이런 방법도 있어요!

빼기는 −로 표시하며 빼기라고 읽어요.
=은 같다는 뜻으로 '는'이라고 읽어요.

쓰기) $7-4=3$

읽기) 7 빼기 4는 3

개념 익히기

 그림을 보고 □ 안에 알맞은 수를 써넣으세요.

1

$6-2=\boxed{}$

2

$4-\boxed{}=1$

3

$5-\boxed{}=\boxed{}$

4

$\boxed{}-\boxed{}=\boxed{}$

5

$3-2=\boxed{}$

6

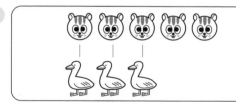

$5-\boxed{}=\boxed{}$

7

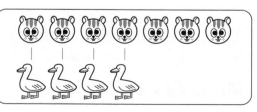

$7-\boxed{}=\boxed{}$

8

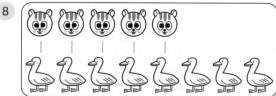

$\boxed{}-5=\boxed{}$

그림을 보고 알맞은 뺄셈식을 만들어 보세요.

1
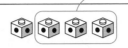

4	−	3	=	

2
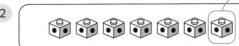

	−		=	

3
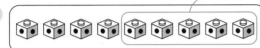

	−		=	

4
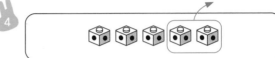

	−		=	

5
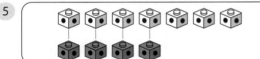

	−		=	

6
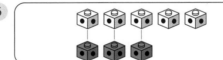

	−		=	

7
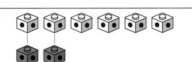

	−		=	

8
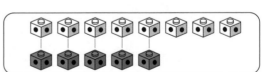

	−		=	

9

	−		=	

10
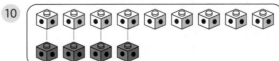

	−		=	

그림을 보고 알맞은 뺄셈식을 쓰세요.

1

| 6 | − | 2 | = | 4 |

2

| 9 | − | 6 | = | |

3

| | | | | |

4

| | | | | |

5

| | | | | |

6

| | | | | |

7

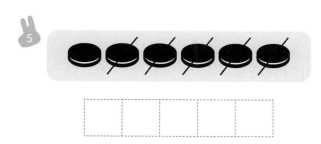

| | | | | |

8

| | | | | |

9

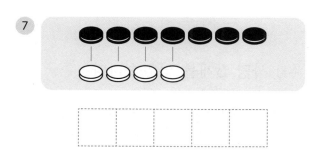

| | | | | |

10

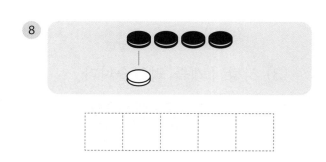

| | | | | |

개념 키우기

 문제를 해결해 보세요.

1 그림과 알맞은 뺄셈식을 선으로 이어 보세요.

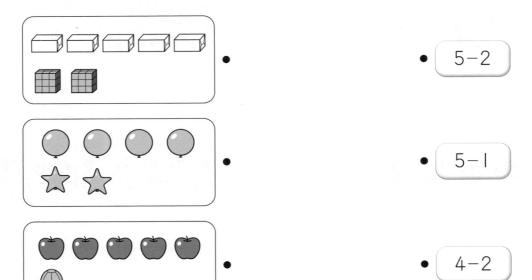

5-2

5-1

4-2

2 사탕이 몇 개 남아 있는지 뺄셈식으로 알아보세요.

(1) 사탕 2개를 먹었습니다.

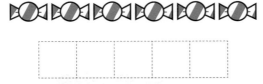

(2) 사탕 3개를 먹었습니다.

(3) 사탕 1개를 먹었습니다.

(4) 사탕 6개를 먹었습니다.

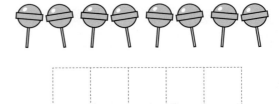

개념 다시보기

그림을 보고 알맞은 뺄셈식을 만들어 보세요.

1
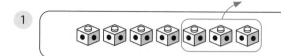

	−		=	

2
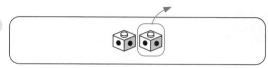

	−		=	

3
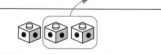

	−		=	

4
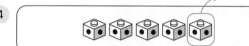

	−		=	

5
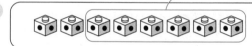

	−		=	

6

	−		=	

도전해 보세요

1 그림을 보고 알맞은 뺄셈식을 만들어 보세요.

	−		=	

2 ☐ 안에 알맞은 수를 써넣고 그림에 나타내어 보세요.

☆ ☆ ☆ ☆ ☆ ☆ ☆ ☆ ☆

9에서 6을 빼면 ☐ 이 됩니다.

개념연결

1-1덧셈과 **뺄셈**

가르기

8
5   3

빼기

$9-4=\boxed{5}$

1-2덧셈과 **뺄셈**(1)

(몇십)-(몇십)

$70-10=\boxed{60}$

1-2덧셈과 **뺄셈**(1)

(몇십몇)-(몇십몇)

$59-24=\boxed{35}$

배운 것을 기억해 볼까요?

1

$\boxed{5}-\boxed{2}=\boxed{}$

2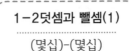

뺄셈을 할 수 있어요.

30초 개념 뺄셈은 두 수의 차를 구하는 것과 같아요.
큰 수에서 작은 수를 빼면 두 수의 차를 구할 수 있어요.

뺄셈하기

한 모임에서 덜어 낸 나머지를 구하는 뺄셈이에요.

뺄셈식 $5-2=3$

두 모임의 차를 비교하는 뺄셈이에요.

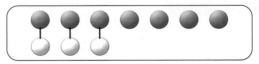

뺄셈식 $7-3=4$

이런 방법도 있어요!

뺄셈에는 두 가지 경우가 있어요. 첫째는 한 모임에서 덜어 낸 나머지를 구하는 것이고, 둘째는 두 모임의 차를 구하는 것이에요.

식에 알맞게 그림을 그려 뺄셈을 해 보세요.

1

그림을 보고 /로 지워요.

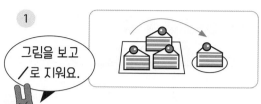

○○○∅   4−1 = ☐

2

5−3 = ☐

그림을 보고 짝을 지어요.

3

○○○○
○○○○   8−2 = ☐

4

2−1 = ☐

5

○○○○
○○○○   8−5 = ☐

6

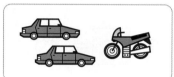

6−☐ = ☐

7

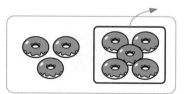

○○○○○   5−☐ = ☐

8

4−☐ = ☐

그림을 보고 ▢ 안에 알맞은 수를 써넣으세요.

1

○∅∅∅

$4-3=$ ▢

2

$6-1=$ ▢

3

○○○○○∅∅

$7-$ ▢ $=$ ▢

4

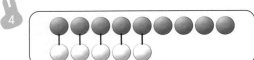

$9-5=$ ▢

5

○○○○∅

$5-$ ▢ $=$ ▢

6

$7-3=$ ▢

7

○○∅∅∅∅∅∅

$8-$ ▢ $=$ ▢

8

$5-$ ▢ $=$ ▢

9

○○○∅∅∅∅∅∅

▢ $-$ ▢ $=$ ▢

10

$7-$ ▢ $=$ ▢

✏️ 가르기를 하고 알맞은 뺄셈식을 쓰세요.

1
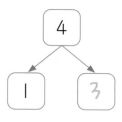

```
4 - 1 = 3
```

2
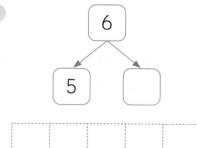

3
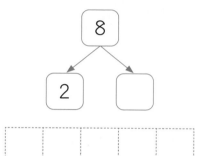

4
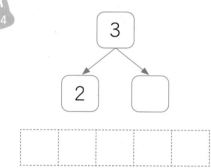

5
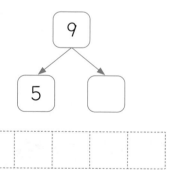

6
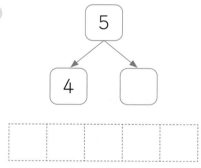

7
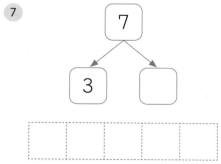

8
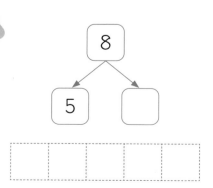

개념 키우기

✎ 문제를 해결해 보세요.

1 차가 같은 것끼리 선으로 이어 보세요.

   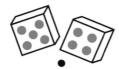   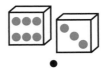

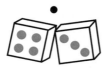   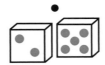   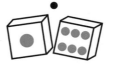

2 그림을 보고 뺄셈식을 써 보세요.

(1) 쿠키 3개를 먹었습니다.

| 5 | - | 3 | = | |

(2) 쿠키 1개를 먹었습니다.

| | | | |

(3) 쿠키 2개를 먹었습니다.

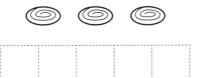

| | | | |

(4) 쿠키 3개를 먹었습니다.

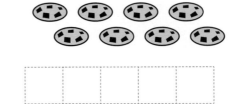

| | | | |

개념 다시보기

✏️ 그림을 보고 □ 안에 알맞은 수를 써넣으세요.

1

$$2-1=\boxed{}$$

2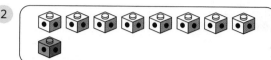

$$8-1=\boxed{}$$

3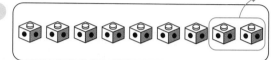

$$9-2=\boxed{}$$

4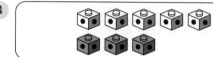

$$5-3=\boxed{}$$

5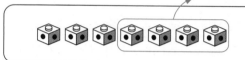

$$7-\boxed{}=\boxed{}$$

6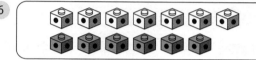

$$7-\boxed{}=\boxed{}$$

7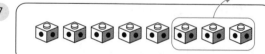

$$8-\boxed{}=\boxed{}$$

8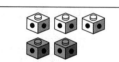

$$3-\boxed{}=\boxed{}$$

도전해 보세요

1 그림을 보고 뺄셈을 해 보세요.

$$6-1=\boxed{}$$

$$6-2=\boxed{}$$

$$6-3=\boxed{}$$

2 쿠키가 모두 7개 있습니다. 상자 안에 들어 있는 쿠키는 몇 개인가요?

( )개

개념연결

빼기

$8-2=\boxed{6}$

1-2덧셈과 **뺄셈**(1)	2-1덧셈과 **뺄셈**	3-1덧셈과 **뺄셈**
(몇십)-(몇십)	(몇십몇)-(몇십몇)	세 자리 수의 뺄셈
$70-20=\boxed{50}$	$42-17=\boxed{25}$	$452-138=\boxed{314}$

배운 것을 기억해 볼까요?

1
+	6	3
2		

2

$7-\square=\square$

뺄셈을 할 수 있어요.

30초 개념   뺄셈을 할 때는 큰 수에서 작은 수를 빼요. 이때 연결큐브(모형)나 바둑돌 같은 도구를 사용하면 뺄셈 상황을 쉽게 이해할 수 있어요.

5-3의 계산

방법1 물건 이용하기

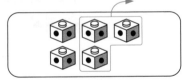

모형 5개 중에서 3개를 덜어 내면
2개가 남아요.

방법2 그림 그리기

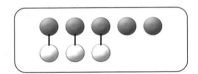

그림으로 5와 3을 나타내고
하나씩 연결하면 2개가 남아요.

이런 방법도 있어요!

뺄셈은 두 수의 차를 구하는 것이에요.
이때 큰 수에서 작은 수를 빼는 순서에 따라
뺄셈식이 달라질 수 있고,
뺄셈의 결과도 다르답니다.

$5-3=2$

$5-2=3$

개념 익히기

 빈 곳에 알맞은 수를 써넣으세요.

①
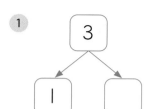
3
1

$3-1=\boxed{}$

②
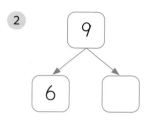
9
6

$9-6=\boxed{}$

③
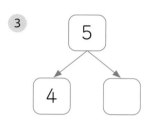
5
4

$5-4=\boxed{}$

④
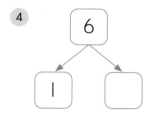
6
1

$6-1=\boxed{}$

⑤
2
1

$2-1=\boxed{}$

⑥
8
7

$8-7=\boxed{}$

⑦
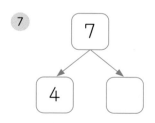
7
4

$7-\boxed{}=\boxed{}$

⑧
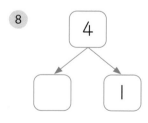
4
1

$4-\boxed{}=\boxed{}$

⑨
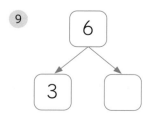
6
3

$6-\boxed{}=\boxed{}$

⑩
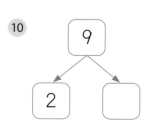
9
2

$9-\boxed{}=\boxed{}$

뺄셈을 해 보세요.

① 2−1 = ☐

② 3−1 = ☐

③ 5+4 = ☐

④ 4−3 = ☐

⑤ 5−2 = ☐

⑥ 6−3 = ☐

⑦ 7−2 = ☐

⑧ 4−2 = ☐

⑨ 6+2 = ☐

⑩ 8−1 = ☐

⑪ 9−3 = ☐

⑫ 7−3 = ☐

⑬ 6−2 = ☐

⑭ 4−2 = ☐

⑮ 5−4 = ☐

⑯ 4−1 = ☐

⑰ 5−3 = ☐

⑱ 3−1 = ☐

가르기를 하고 알맞은 빨셈식을 쓰세요.

1

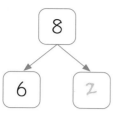

$$8 - 6 = 2$$

2

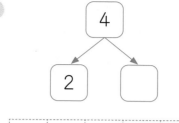

3

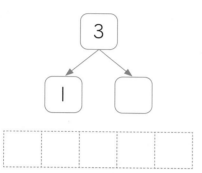

4

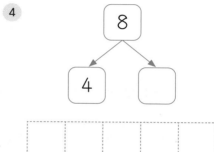

5

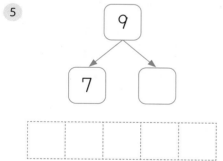

6

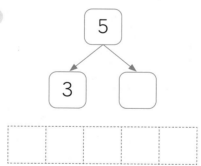

7

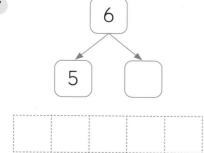

8

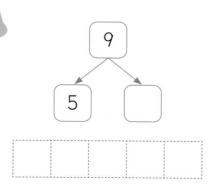

개념 키우기

문제를 해결해 보세요.

1 차가 같은 것끼리 선으로 이어 보세요.

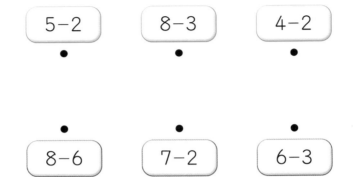

2 차가 4가 되는 나뭇잎을 찾아 모두 색칠해 보세요.

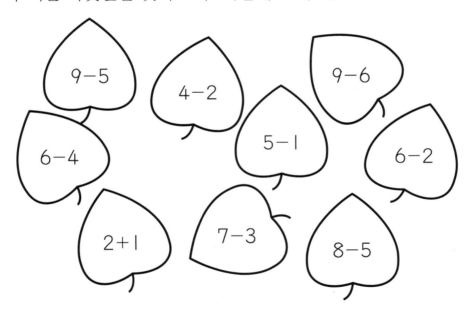

개념 다시보기

 뺄셈을 해 보세요.

1 6−1 = ☐

2 5−2 = ☐

3 4−1 = ☐

4 4−2 = ☐

5 5−4 = ☐

6 2−1 = ☐

7 4−3 = ☐

8 6−2 = ☐

9 3−2 = ☐

10 7−2 = ☐

11 7−5 = ☐

12 9−8 = ☐

13 8−3 = ☐

14 8−5 = ☐

15 6−5 = ☐

도전해 보세요

1 ☐ 안에 알맞은 수를 써넣으세요.

(1) 9 − ☐ = 5

(2) 9 − 5 = ☐

2 빈칸에 알맞은 수를 써넣으세요.

−	3	1	5
8			

개념연결

1-1덧셈과 뺄셈	(어떤 수)+0	1-2덧셈과 뺄셈(1)	1-2덧셈과 뺄셈(1)
빼기		(몇십)-(몇십)	(몇십몇)-(몇십몇)
6-2=4	7+0=7	30-10=20	87-56=31

배운 것을 기억해 볼까요?

1
```
+  2  4
5
```

2
```
-  5  1
7
```

어떤 수에 0을 더하거나 뺄 수 있어요.

30초 개념

덧셈과 뺄셈을 할 때 0을 더하거나 뺄 수 있어요.
0은 아무것도 없음을 나타내는 수예요.
따라서 어떤 수에 0을 더하거나 빼면 결과는 어떤 수가 돼요.

어떤 수에 0을 더하거나 빼기

① (어떤 수)+0

$$5+0=\boxed{5}$$

어떤 수에 0을 더하면 어떤 수가 돼요.

② (어떤 수)-0

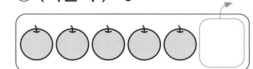

$$5-0=\boxed{5}$$

어떤 수에서 0을 빼면 어떤 수가 돼요.

이런 방법도 있어요!

(어떤 수)-(어떤 수)=0 ➡ 어떤 수에서 어떤 수를 빼면 0이 돼요.

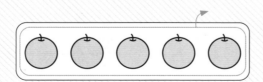

$$5-5=0$$

계산해 보세요.

① 2+0=☐

② 5+0=☐

③ 0+9=☐

식에서 +, − 기호를 보고 덧셈인지 뺄셈인지 확인해요.

식에 맞게 0을 더하거나 뺍니다.

④ 4−0=☐

⑤ 3−0=☐

⑥ 3+0=☐

⑦ 0+7=☐

⑧ 7−0=☐

⑨ 6+0=☐

⑩ 0+1=☐

⑪ 0−0=☐

⑫ 5+0=☐

⑬ 5−5=☐

⑭ 7−7=☐

⑮ 8+0=☐

⑯ 0+0=☐

⑰ 9+0=☐

⑱ 6−0=☐

계산해 보세요.

① 5+0=☐

② 3+0=☐

③ 7+0=☐

④ 6−0=☐

⑤ 3−3=☐

⑥ 2−0=☐

⑦ 0+4=☐

⑧ 6−2=☐

⑨ 5+1=☐

⑩ 2+0=☐

⑪ 1−1=☐

⑫ 5−3=☐

⑬ 8−0=☐

⑭ 2+6=☐

⑮ 1−0=☐

⑯ 0+7=☐

⑰ 0+3=☐

⑱ 7−7=☐

그림을 보고 알맞은 식을 만들어 보세요.

1

| 2 | + | 0 | = | |

2

| | | | | |

3

| | | | | |

4

| | | | | |

5

| | | | | |

6

| | | | | |

7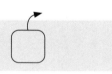

| | | | | |

8

| | | | | |

9

| | | | | |

10

| | | | | |

개념 키우기

 문제를 해결해 보세요.

1 그림을 보고 알맞은 식을 만들어 보세요.

(1)

| 3 | + | 0 | = | |

(2)

| | | | | |

(3)

| | | | | |

(4)

| | | | | |

2 빈 곳에 알맞은 수를 써넣으세요.

(1)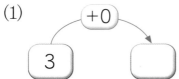

(2)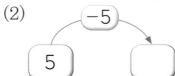

(3)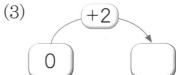

(4)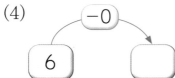

(5)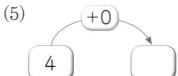

(6)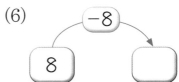

(7)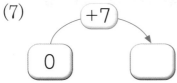

(8)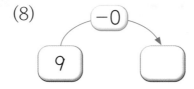

(9)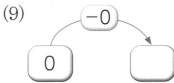

개념 다시보기

 계산해 보세요.

① 9+0=□

② 6−6=□

③ 0+4=□

④ 2+0=□

⑤ 4−4=□

⑥ 0+2=□

⑦ 4+0=□

⑧ 2−2=□

⑨ 3−0=□

⑩ 0+7=□

⑪ 8−0=□

⑫ 1+0=□

⑬ 8+0=□

⑭ 9−9=□

⑮ 0+5=□

도전해 보세요

① 수 카드를 한 번씩 모두 사용하여 덧셈식과 뺄셈식을 각각 만들어 보세요.

| 0 | 3 | 3 |

덧셈식 □+□=□

뺄셈식 □−□=□

② □ 안에 알맞은 수를 써넣으세요.

(1) 2+3=□

(2) □+5=7

(3) □−2=4

개념연결

1-1덧셈과 뺄셈	덧셈과 뺄셈	1-2덧셈과 뺄셈(1)	1-2덧셈과 뺄셈(1)
모으기 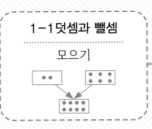	$6+2=\boxed{8}$	(몇십)-(몇십) $50-20=\boxed{30}$	(몇십몇)-(몇십몇) $63-21=\boxed{42}$

배운 것을 기억해 볼까요?

1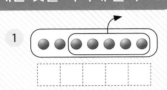

2 (1) $3+4=$
  (2) $3+5=$

3 (1) $8-2=$
  (2) $8-3=$

한 자리 수의 덧셈과 뺄셈을 할 수 있어요.

30초 개념

덧셈과 뺄셈을 할 때 덧셈과 뺄셈 상황을 떠올려 봐요.
덧셈은 두 수를 더하고, 뺄셈은 큰 수에서 작은 수만큼 덜어 내요.

덧셈과 뺄셈

① **덧셈식**

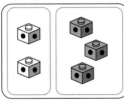   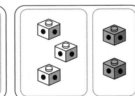

$2+3=5$ $3+2=5$

세 수 2, 3, 5를 이용하여 두 가지 방법으로
덧셈식을 만들 수 있어요.

② **뺄셈식**

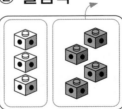   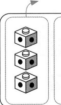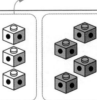

$7-4=3$ $7-3=4$

세 수 3, 4, 7을 이용하여 두 가지 방법으로
뺄셈식을 만들 수 있어요.

이런 방법도 있어요!

덧셈식 ➡ 뺄셈식

$2+3=5 \Big\langle \begin{matrix} 5-2=3 \\ 5-3=2 \end{matrix}$

뺄셈식 ➡ 덧셈식

$7-4=3 \Big\langle \begin{matrix} 3+4=7 \\ 4+3=7 \end{matrix}$

 계산해 보세요.

① 6−0= ☐

② 2+6= ☐

③ 7−0= ☐

식에서 +, − 기호를 보고
덧셈과 ᄈᆞᆯ셈을 확인한 다음
계산해요.

④ 7+2= ☐

⑤ 2+2= ☐

⑥ 3−3= ☐

⑦ 3+6= ☐

⑧ 6−3= ☐

⑨ 7−7= ☐

⑩ 3+4= ☐

⑪ 9+0= ☐

⑫ 4+5= ☐

⑬ 5−1= ☐

⑭ 7−4= ☐

⑮ 0+7= ☐

⑯ 7−2= ☐

⑰ 1+8= ☐

⑱ 8−6= ☐

□ 안에 +, −를 알맞게 써넣으세요.

1 1 □ 6=7

2 4 □ 1=5

3 0 □ 4=4

4 9 □ 2=7

5 3 □ 3=0

6 8 □ 3=5

7 5 □ 4=1

8 6 □ 5=1

9 1 □ 1=0

10 7 □ 4=3

11 8 □ 1=9

12 3 □ 6=9

13 4 □ 2=6

14 0 □ 1=1

15 7 □ 2=5

16 2 □ 6=8

17 9 □ 6=3

18 5 □ 1=6

✏️ 세 수를 이용하여 알맞은 덧셈식과 뺄셈식을 만들어 보세요.

1

| 1 |
| 2 | 3 |

☐ + 1 = ☐

☐ − ☐ = 1

2

| 5 |
| 3 | 2 |

2 + ☐ = ☐

☐ − 2 = ☐

3

| 7 |
| 2 | 5 |

5 + ☐ = ☐

☐ − 2 = ☐

4

| 6 |
| 1 | 5 |

☐ + 1 = ☐

☐ − ☐ = 1

5

| 9 |
| 2 | 7 |

2 + ☐ = ☐

☐ − ☐ = 2

6

| 5 |
| 1 | 4 |

☐ + 1 = ☐

☐ − 1 = ☐

7

| 0 |
| 2 | 2 |

2 + ☐ = ☐

☐ − ☐ = 2

8

| 8 |
| 3 | 5 |

☐ + 3 = ☐

☐ − 3 = ☐

9

| 4 |
| 0 | 4 |

☐ + 4 = ☐

☐ − ☐ = 0

10

| 3 |
| 4 | 7 |

☐ + 4 = ☐

☐ − 3 = ☐

개념 키우기

 문제를 해결해 보세요.

1 계산을 하고, 답이 같은 것끼리 선으로 이어 보세요.

| 8-3 | 7-5 | 9-1 |

| 0+2 | 6+2 | 4+1 |

2 그림을 보고 알맞은 식을 써 보세요.

(1) 상자 안에 사과가 3개 있습니다.

| 4 | + | 3 | = | |

(2) 달걀이 2개 깨졌습니다.

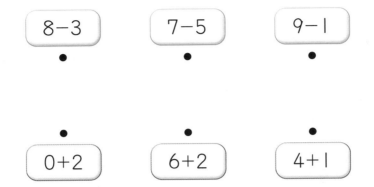

| | | | | |

(3) 빵을 3개 먹었습니다.

| | | | | |

(4) 상자 안에 쿠키가 6개 있습니다.

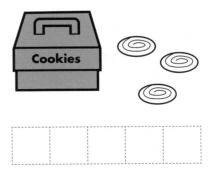

| | | | | |

개념 다시보기

 계산해 보세요.

① 4+3=□

② 2+7=□

③ 6−5=□

④ 2+0=□

⑤ 5−4=□

⑥ 0+7=□

⑦ 3−0=□

⑧ 1+5=□

⑨ 5−0=□

⑩ 2+3=□

⑪ 3+5=□

⑫ 7−1=□

⑬ 2+7=□

⑭ 9−5=□

⑮ 0+0=□

도전해 보세요

① 그림을 보고 덧셈식을 만들어 보세요.

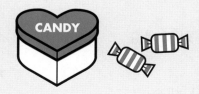

□+2=7

② □ 안에 알맞은 수를 써넣으세요.

(1) □−3=2

(2) □−5=2

(3) □−4=2

10이 되는 모으기와 가르기

배운 것을 기억해 볼까요?

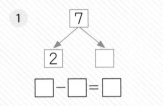

□ - □ = □

2 (1) 0 + 2 =

   (2) 5 + 3 =

3 6 - 2 = □

6과 2의 차는 □입니다.

10이 되는 모으기와 가르기를 할 수 있어요.

30초 개념

9보다 1 큰 수는 10이에요. 10은 두 수로 가를 수 있고,
가른 두 수를 모으면 10이 돼요.
10을 가르고 모으는 활동은 덧셈과 뺄셈에 도움이 돼요.

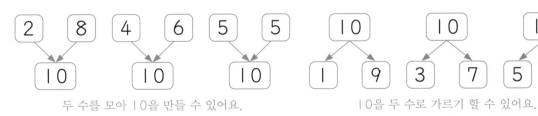

이런 방법도 있어요!

두 수를 모아 10이 되도록 하는 방법은 여러 가지예요.
(몇)+(몇)=10이 되는 수를 찾아보면
10이 되는 모으기와 가르기를 하는 데 도움이 돼요.

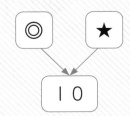

□ 안에 알맞은 수를 써넣으세요.

1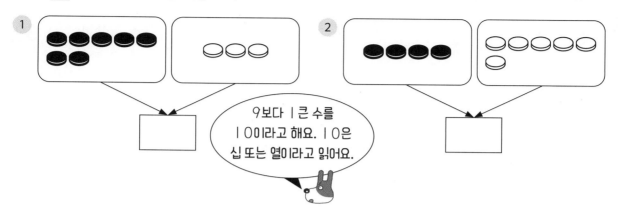

말풍선: 9보다 1 큰 수를 10이라고 해요. 10은 십 또는 열이라고 읽어요.

3

4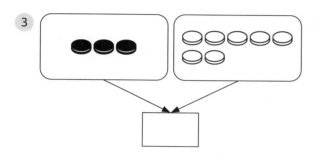
6 □

5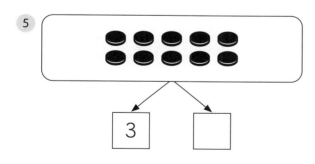
3 □

6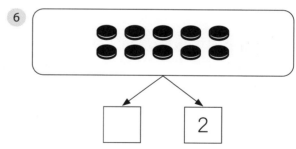
□ 2

7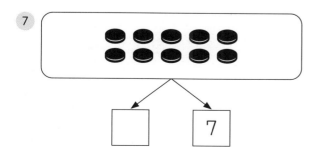
□ 7

8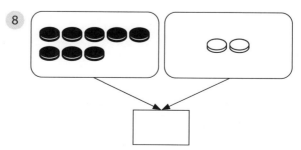

빈 곳에 알맞은 수를 써넣으세요.

1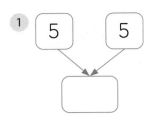

2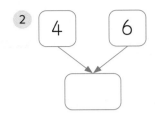

3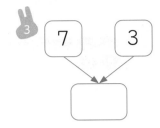

4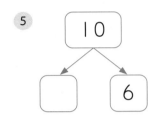

5

6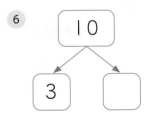

7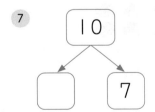

8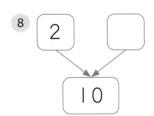

9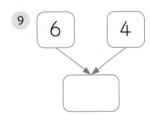

10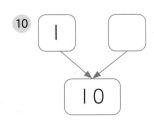

11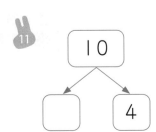

12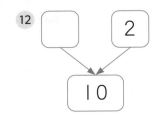

✏️ 빈 곳에 알맞은 수를 써넣으세요.

1

2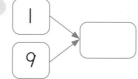

3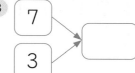

4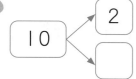

5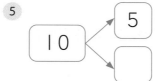

6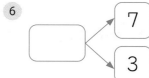

7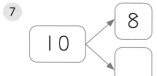

8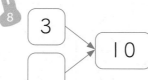

9

10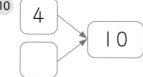

11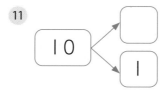

12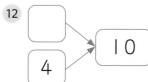

개념 키우기

 문제를 해결해 보세요.

1 두 수를 모아 ♥ 안의 수가 되도록 선으로 이어 보세요.

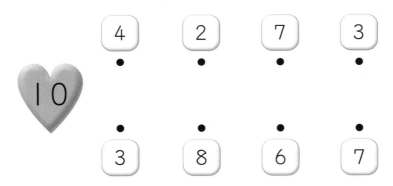

2 마주 보는 두 수의 합이 10이 되도록 ◯안에 알맞은 수를 써넣으세요.

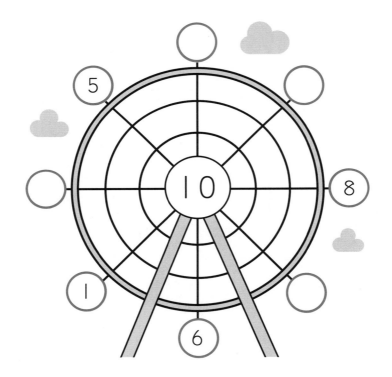

개념 다시보기

빈 곳에 알맞은 수를 써넣으세요.

1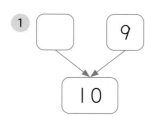

2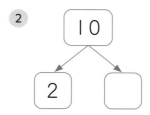

3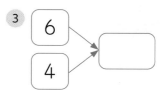

4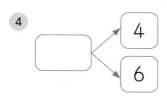

5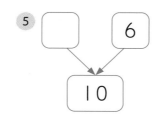

6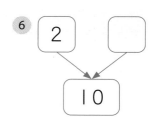

7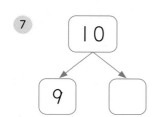

8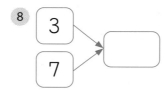

9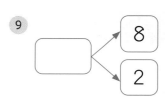

도전해 보세요

1 구슬은 모두 몇 개인가요?

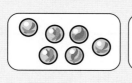 

(   )개

2 빈 곳에 알맞은 수를 써넣으세요.

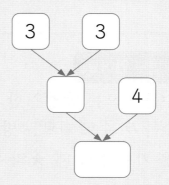

개념연결

1-1덧셈과 뺄셈	1-1덧셈과 뺄셈	십몇을 모으기와 가르기	1-2덧셈과 뺄셈(1)

배운 것을 기억해 볼까요?

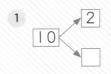

2 (1) 9 - 1 =
  (2) 6 - 3 =

3 3 + 7 = ☐
  3과 7의 합은 ☐입니다.

십몇 모으기와 가르기를 할 수 있어요.

30초 개념

모으기는 두 수를 합하는 것이고 가르기는 한 수를 둘로 나누는 것이에요. 10까지의 수와 같은 방법으로 모으기와 가르기를 할 수 있어요. 모으기와 가르기는 덧셈과 뺄셈을 하는 데 도움이 돼요.

십몇 모으기

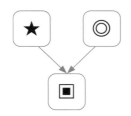

★과 ◎를 모으면 ■가 돼요.

십몇 가르기

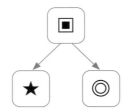

■를 ★과 ◎로 가를 수 있어요.

이런 방법도 있어요!

두 수를 모으는 방법은 한 가지이지만,
한 수를 두 수로 가르는 방법은 여러 가지예요.
16을 가르기 할 때 ★의 수에 따라 ◎의 수도 달라져요.

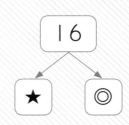

개념 익히기

✏️ ☐ 안에 알맞은 수를 써넣으세요.

1
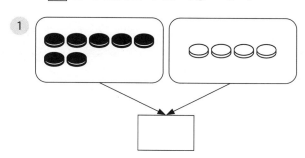

2
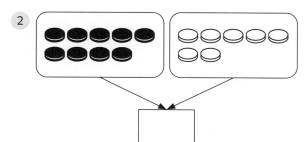

3
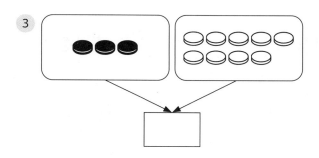

4
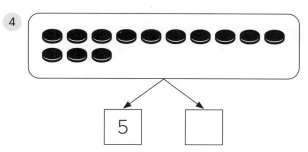

5

5
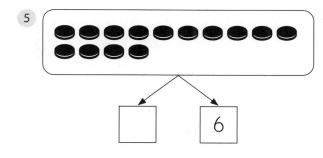

6

6
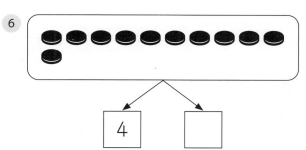

4

7
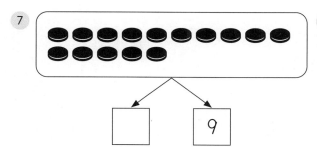

9

8
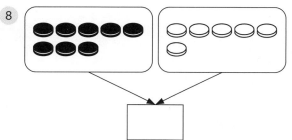

✏️ 빈 곳에 알맞은 수를 써넣으세요.

1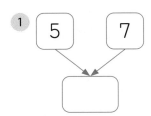

2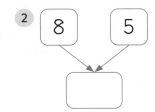

3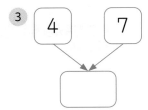

4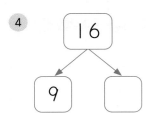

5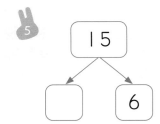

6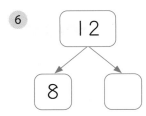

7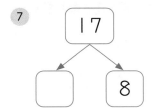

8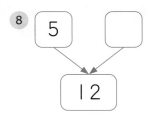

9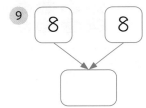

10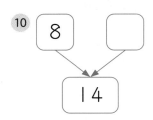

11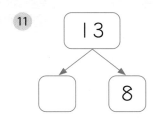

12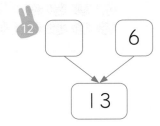

✏️ 빈 곳에 알맞은 수를 써넣으세요.

1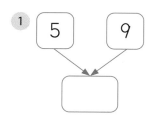

2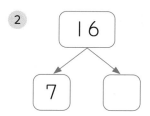

3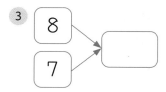

4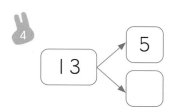

5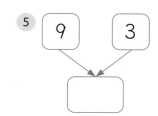

6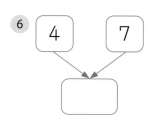

7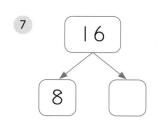

8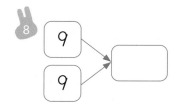

9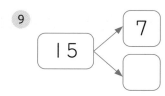

10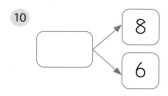

11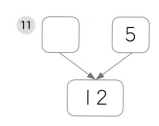

12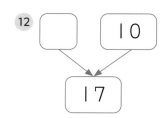

개념 키우기

✏️ 문제를 해결해 보세요.

1 두 수를 모아 ♥ 안의 수가 되도록 선으로 이어 보세요.

(1)

6	3	7	10
•	•	•	•

•	•	•	•
9	2	6	5

(2)

7	4	9	8	12
•	•	•	•	•

•	•	•	•	•
8	6	7	11	3

2 ☐ 안의 수를 두 수로 가르기 해 보세요.

(1)

18

3		8	6	
15	7			13

(2)

13

10	5			11
3		4	8	

개념 다시보기

✏️ 빈 곳에 알맞은 수를 써넣으세요.

1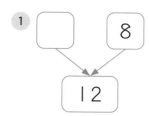

2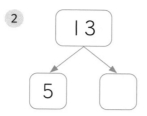

3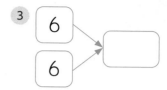

4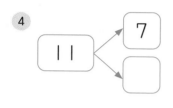

5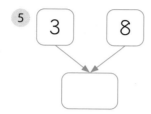

6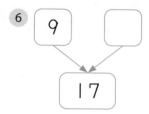

7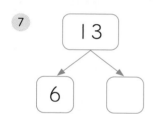

8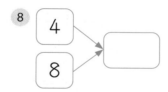

9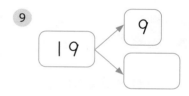

도전해 보세요

1 더해서 16이 되는 세 수를 모두 골라 보세요.

| 3 | 8 | 2 | 4 | 9 |

(　　　　　　　　)

2 블록의 합이 15가 되도록 빈 곳에 알맞은 수를 써넣으세요.

(1)
3

7

(2)
4

3

1

개념연결

1-19까지의 수	50까지의 수	1-2 100까지의 수	2-1 세 자리 수
9까지의 수 세기	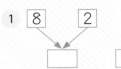	수의 순서	크기 비교
	30 삼십 서른	39-40-41	75 9 > 758

배운 것을 기억해 볼까요?

1 8   2   10

         7

2 7 - □ - 9 - □

50까지의 수를 셀 수 있어요.

30초 개념

10보다 큰 수를 셀 때는 10개씩 묶어 세기를 해요.
이때 몇십몇을 10개씩 묶음과 낱개로 나타낼 수 있어요.

10개씩 묶어 세기

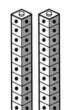

10개씩 묶음: 2개

20

10개씩 묶음과 낱개로 수 세기

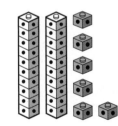

10개씩 묶음: 2개
낱개: 6개

26

이런 방법도 있어요!

수는 두 가지 방법으로
읽을 수 있어요.

10	20	30	40	50
십	이십	삼십	사십	오십
열	스물	서른	마흔	쉰

개념 익히기

 10개씩 묶음과 낱개의 수를 써 보세요.

①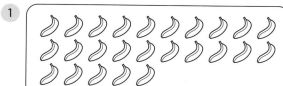

10개씩 묶음	낱개

②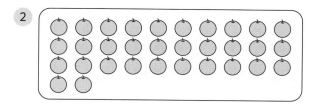

10개씩 묶음	낱개

③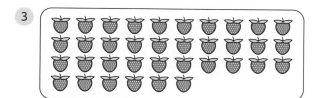

10개씩 묶음	낱개

④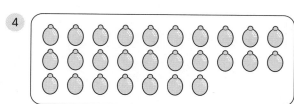

10개씩 묶음	낱개

⑤

10개씩 묶음	낱개

⑥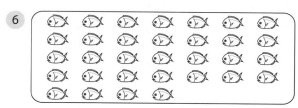

10개씩 묶음	낱개

⑦

10개씩 묶음	낱개

⑧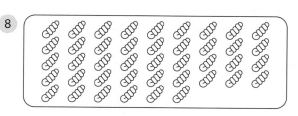

10개씩 묶음	낱개

수를 세어 몇인지 써 보세요.

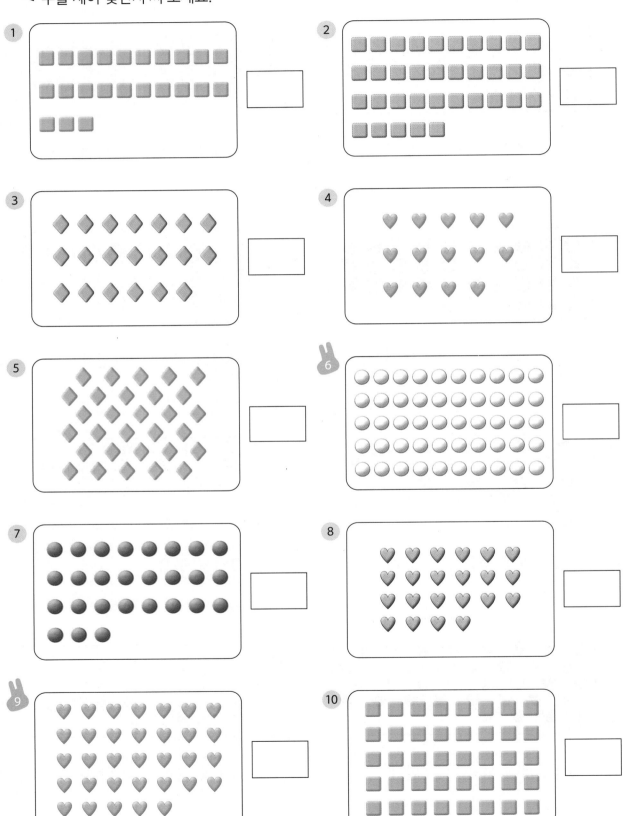

✏️ ☐ 안에 알맞은 수를 써넣으세요.

1 10개씩 묶음 5개 ——————— ☐

2 10개씩 묶음 3개와 낱개 5개 ——— ☐

3 10개씩 묶음 1개와 낱개 8개 ——— ☐

4 10개씩 묶음 2개와 낱개 3개 ——— ☐

5 10개씩 묶음 4개 ——————— ☐

6 낱개 37개 ——————— ☐

7 낱개 20개 ——————— ☐

8 10개씩 묶음 2개와 낱개 9개 ——— ☐

9 10개씩 묶음 4개와 낱개 3개 ——— ☐

10 10개씩 묶음 1개와 낱개 6개 ——— ☐

개념 키우기

 문제를 해결해 보세요.

1 빈칸에 알맞은 수를 써넣으세요.

수	10개씩 묶음	낱개
17	1	7
41		1
28	2	
	3	5

2 관계있는 것끼리 선으로 이어 보세요.

 ●　　　● 32 ●　　　● 스물셋

 ●　　　● 23 ●　　　● 마흔일곱

 ●　　　● 47 ●　　　● 서른둘

118

수를 세어 몇인지 써 보세요.

1 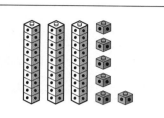 ☐

2 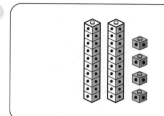 ☐

3  ☐

4 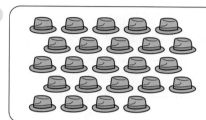 ☐

5 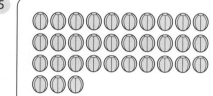 ☐

6 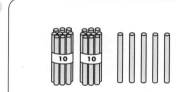 ☐

7 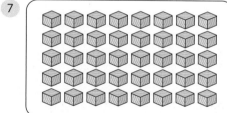 ☐

8 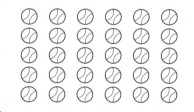 ☐

도전해 보세요

1 수를 두 가지 방법으로 읽어 보세요.

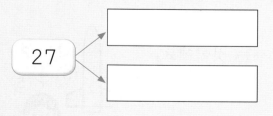

27 → ☐
    → ☐

2 바르게 읽은 것에 ◯표 하세요.

(1) 8월 15일은 광복절입니다.
   (십오, 열다섯)

(2) 삼촌의 나이는 30살입니다.
   (삼십, 서른)

개념연결

1-19까지의 수
수의 순서
5-[6]-7

50까지 수의 순서
19-[20]-21

1-2100까지의 수
100까지 수의 순서
57-58-[59]

2-1세 자리 수
뛰어 세기
991-992-[993]

배운 것을 기억해 볼까요?

1
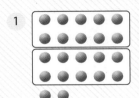

10개씩 묶음	
낱개	

2

□

50까지 수의 순서를 알 수 있어요.

30초 개념
20, 21, 22, …와 같이 수는 1씩 커져요. 수가 순서대로 있으면 바로 앞의 수는 1 작은 수, 바로 뒤의 수는 1 큰 수예요.

수의 순서

1 큰 수와 1 작은 수를 떠올리며 수의 순서를 알아보아요.

—[20]—[21]—[22]—[23]—[24]—[25]—[26]—[27]—[28]—[29]—

22보다 1 큰 수는 23이고,
1 작은 수는 21이에요.

26과 29 사이에 있는 수는
27, 28이에요.

이런 방법도 있어요!

거꾸로 세기

어떤 수에서 시작하여 반대 순서로 수를 세는 것이에요.
로켓을 발사할 때 거꾸로 수를 세는 것을 볼 수 있어요.
이때 순서는 반대가 되어 1씩 작아져요.

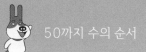
개념 익히기

 순서에 맞게 빈 곳에 알맞은 수를 써넣으세요.

1 2 — ⬜ — 4

2 9 — ⬜ — 11

3 16 — ⬜ — 18

4 7 — ⬜ — 9

5 20 — ⬜ — 22

6 19 — ⬜ — 21

7 39 — ⬜ — 41

8 14 — ⬜ — 16

9 27 — ⬜ — 29

10 31 — ⬜ — 33

11 42 — ⬜ — 44

12 25 — ⬜ — 27

빈 곳에 알맞은 수를 써넣으세요.

1 **1 작은 수** [   ] 27 **1 큰 수** [   ]

2 **1 작은 수** [   ] 13 **1 큰 수** [   ]

3 15 [   ] 17

4 29 [   ] 31

5 43 [   ] 45

6 12 13 [   ] [   ]

7 30 [   ] 32 [   ]

8 [   ] 28 29 [   ]

9 [   ] [   ] 41 42

10 [   ] 17 [   ] 19

✏️ ☐ 안에 알맞은 수를 써넣으세요.

1 12 ☐ ☐ 15 16

2 ☐ 9 ☐ 11 ☐

3 ☐ ☐ 21 22 ☐

4 ☐ 47 48 ☐ ☐

5 20 21 ☐ ☐ ☐

6 35 ☐ ☐ 38 ☐

7 ☐ ☐ ☐ 30 31

8 29 ☐ ☐ 32 33

개념 키우기

✏️ 문제를 해결해 보세요.

1 순서에 맞게 빈칸에 알맞은 수를 써넣으세요.

(1) ☐ — 15 — 16 — ☐ — 18 — 19 — ☐
☐
☐
23

(2) ☐ — 30 — 31 — ☐ — ☐
☐
☐ — 37 — ☐ — 35

2 순서에 맞게 빈칸을 채워 보세요.

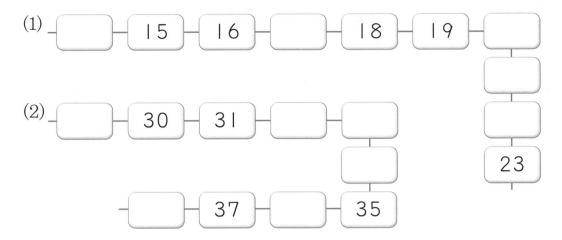

23	22	21	20		8	9	10	45	46
24	31	32		6		2	11	44	47
25	30		18	5	4		12	43	48
26		34	17	16	15	14		42	
	28	35	36	37	38	39	40		50

개념 다시보기

순서에 맞게 빈 곳에 알맞은 수를 써넣으세요.

① | 19 | | 21 | |

② | 8 | 9 | | |

③ | 36 | | | 39 |

④ | | | 49 | 50 |

⑤ | 14 | 15 | | |

⑥ | 28 | | 30 | |

⑦ | 22 | | 24 | |

⑧ | | | 40 | 41 |

⑨ | | | 33 | 34 |

⑩ | 27 | | | 30 |

도전해 보세요

① ☐ 안에 알맞은 수를 써넣으세요.

39보다 1 작은 수는 ☐이고,
1 큰 수는 ☐입니다.

② 상자를 번호 순서대로 쌓았습니다.
규칙을 찾아 빈칸에 알맞은 수를
써넣으세요.

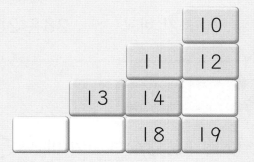

개념연결

1-19까지의 수	수의 크기 비교	1-2100까지의 수	2-1세 자리 수
수의 크기 비교	42 ⓒ 46	수의 크기 비교	수의 크기 비교
5 ⓒ 7		61 > 6◻	362 ⓒ 562

배운 것을 기억해 볼까요?

1 (1) ─ㅣㅣ─◻─◻─ㅣ4─

   (2) ─◻─47─◻─49─

   (3) ─◻─29─◻─31─

2

10개씩 묶음	낱개

두 수의 크기를 비교할 수 있어요.

30초 개념

수의 크기를 비교할 때 10개씩 묶음의 개수와 낱개를 구분하여 비교해요. 10개식 묶음의 개수가 많은 수가 큰 수예요.
10개씩 묶음의 개수가 같다면 낱개가 더 많은 수가 큰 수예요.

28과 26의 크기 비교

	28	26
10개씩 묶음과 낱개	10개씩 묶음: 2개 낱개: 8개	10개씩 묶음: 2개 낱개: 6개
크기 비교	28은 26보다 큽니다.	26은 28보다 작습니다.

이런 방법도 있어요!

(21, 16, 34)의 크기 비교 < 21, 16, 34 중에서 34가 가장 큽니다.
                               21, 16, 34 중에서 16이 가장 작습니다.

개념 익히기

✏️ ☐ 안에 알맞은 수를 써넣으세요.

1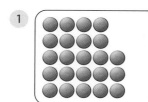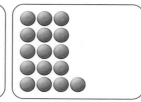

- ☐ 은 ☐ 보다 큽니다.
- ☐ 은 ☐ 보다 작습니다.

2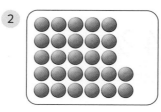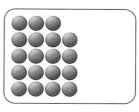

- ☐ 은 ☐ 보다 큽니다.
- ☐ 는 ☐ 보다 작습니다.

3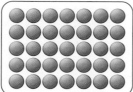

- ☐ 는 ☐ 보다 큽니다.
- ☐ 는 ☐ 보다 작습니다.

4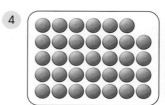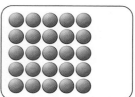

- ☐ 는 ☐ 보다 큽니다.
- ☐ 는 ☐ 보다 작습니다.

5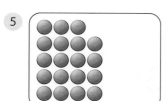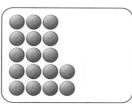

- ☐ 는 ☐ 보다 큽니다.
- ☐ 은 ☐ 보다 작습니다.

6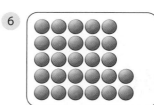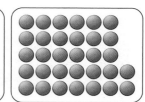

- ☐ 는 ☐ 보다 큽니다.
- ☐ 은 ☐ 보다 작습니다.

7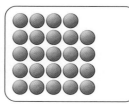

- ☐ 은 ☐ 보다 큽니다.
- ☐ 는 ☐ 보다 작습니다.

8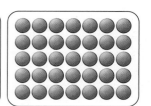

- ☐ 는 ☐ 보다 큽니다.
- ☐ 은 ☐ 보다 작습니다.

두 수의 크기를 비교하여 더 큰 수에 ◯표 하세요.

1 | 24 | 42 |

2 | 9 | 7 |

3 | 16 | 32 |

4 | 46 | 40 |

5 | 26 | 50 |

6 | 21 | 17 |

7 | 42 | 36 |

8 | 13 | 30 |

9 | 4 | 15 |

10 | 7 | 21 |

11 | 23 | 33 |

12 | 48 | 44 |

작은 수부터 차례대로 써 보세요.

1. 9   37   20
    (9 , 20 ,)

2. 15   34   12
    (, ,)

3. 47   27   50
    (, ,)

4. 20   19   21
    (, ,)

5. 42   33   23   49
    (, , ,)

6. 39   27   15   32
    (, , ,)

7. 6   21   8   17
    (, , ,)

8. 10   5   15   40
    (, , ,)

9. 30   39   41   38   22
    (, , , ,)

10. 43   35   41   28   44
    (, , , ,)

11. 32   30   26   12   25
    (, , , ,)

12. 35   12   42   24   40
    (, , , ,)

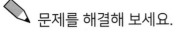

문제를 해결해 보세요.

1 가장 작은 수에 ○표 하세요.

(1)

| 25 | 15 | 35 |

(2)

| 40 | 47 | 24 |

(3)

| 27 | 43 | 32 |

(4)

| 36 | 20 | 40 |

2 알맞은 수를 모두 찾아 ○표 하세요.

(1) 10개씩 묶음 3개와 낱개 5개인 수보다 큰 수

| 52 | 32 | 35 | 40 |

(2) 10개씩 묶음 2개와 낱개 7개인 수보다 작은 수

| 42 | 8 | 30 | 10 |

(3) 10개씩 묶음 4개와 낱개 1개인 수보다 작은 수

| 22 | 15 | 50 | 43 |

개념 다시보기

 알맞은 말에 ◯표 하세요.

① 35는 27보다 (큽니다, 작습니다). ② 17은 32보다 (큽니다, 작습니다).

③ 45는 39보다 (큽니다, 작습니다). ④ 28은 25보다 (큽니다, 작습니다).

⑤ 31은 36보다 (큽니다, 작습니다). ⑥ 40은 39보다 (큽니다, 작습니다).

⑦ 50은 28보다 (큽니다, 작습니다). ⑧ 37은 49보다 (큽니다, 작습니다).

⑨ 24는 21보다 (큽니다, 작습니다). ⑩ 25는 35보다 (큽니다, 작습니다).

도전해 보세요

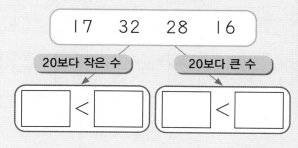

① ☐ 안에 알맞은 수를 써넣으세요.

| 17 | 32 | 28 | 16 |

20보다 작은 수 → ☐ < ☐

20보다 큰 수 → ☐ < ☐

② 현우는 딸기를 24개 땄고, 민지는 30개 땄습니다. 연수는 현우보다 1개를 더 많이 땄습니다. 딸기를 가장 많이 딴 순서대로 이름을 써 보세요.

(, ,)

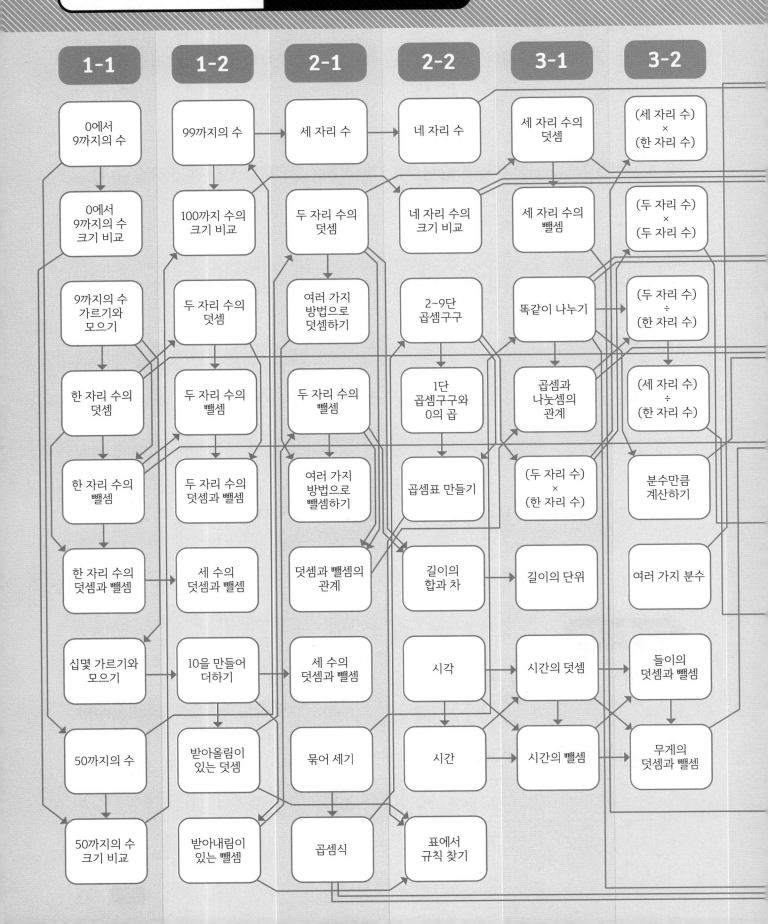

1~6학년 연산 개념연결 지도

1-1
- 0에서 9까지의 수
- 0에서 9까지의 수 크기 비교
- 9까지의 수 가르기와 모으기
- 한 자리 수의 덧셈
- 한 자리 수의 뺄셈
- 한 자리 수의 덧셈과 뺄셈
- 십몇 가르기와 모으기
- 50까지의 수
- 50까지의 수 크기 비교

1-2
- 99까지의 수
- 100까지 수의 크기 비교
- 두 자리 수의 덧셈
- 두 자리 수의 뺄셈
- 두 자리 수의 덧셈과 뺄셈
- 세 수의 덧셈과 뺄셈
- 10을 만들어 더하기
- 받아올림이 있는 덧셈
- 받아내림이 있는 뺄셈

2-1
- 세 자리 수
- 두 자리 수의 덧셈
- 여러 가지 방법으로 덧셈하기
- 두 자리 수의 뺄셈
- 여러 가지 방법으로 뺄셈하기
- 덧셈과 뺄셈의 관계
- 세 수의 덧셈과 뺄셈
- 묶어 세기
- 곱셈식

2-2
- 네 자리 수
- 네 자리 수의 크기 비교
- 2~9단 곱셈구구
- 1단 곱셈구구와 0의 곱
- 곱셈표 만들기
- 길이의 합과 차
- 시각
- 시간
- 표에서 규칙 찾기

3-1
- 세 자리 수의 덧셈
- 세 자리 수의 뺄셈
- 똑같이 나누기
- 곱셈과 나눗셈의 관계
- (두 자리 수) × (한 자리 수)
- 길이의 단위
- 시간의 덧셈
- 시간의 뺄셈

3-2
- (세 자리 수) × (한 자리 수)
- (두 자리 수) × (두 자리 수)
- (두 자리 수) ÷ (한 자리 수)
- (세 자리 수) ÷ (한 자리 수)
- 분수만큼 계산하기
- 여러 가지 분수
- 들이의 덧셈과 뺄셈
- 무게의 덧셈과 뺄셈

★ 연산 개념연결 지도는 비아북 블로그에서 다운로드받을 수 있습니다. blog.naver.com/viabook/221764401368 ★

1권

초등
1학년

개념연결

연산의
발견

정답과 풀이

선생님 놀이
해설

우리 친구의 설명이
해설과 조금 달라도 괜찮아.
개념을 이해하고 설명했다면
통과!

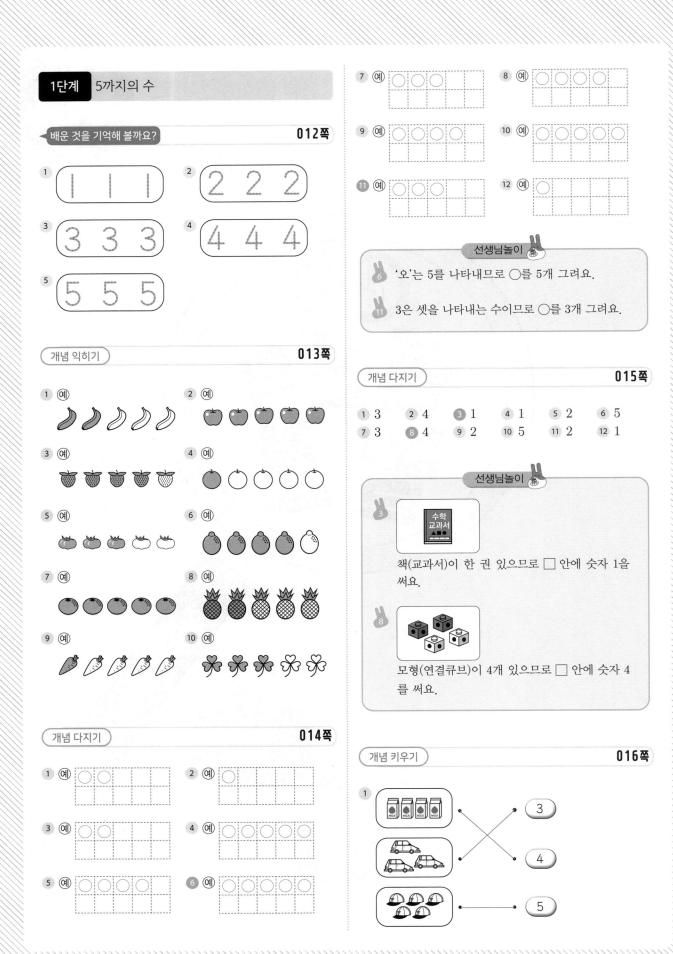

② (1) 2 (2) 4 (3) 5 (4) 5 (5) 3 (6) 4

① 그림의 수를 세어 보면 우유는 4개, 자동차는 3
   대, 모자는 5개입니다.
② (1) 오리의 수를 순서대로 세면 2마리입니다.
   (2) 도미노 눈의 수를 순서대로 세면 4입니다.
   (3) 참새의 수를 순서대로 세면 5마리입니다.
   (4) 도미노 눈의 수를 순서대로 세면 5입니다.
   (5) 꽃의 수를 순서대로 세면 3송이입니다.
   (6) 도미노 눈의 수를 순서대로 세면 4입니다.

개념 다시보기   017쪽

① 예 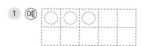   ② 예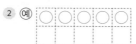

③ 예    ④ 예

⑤ 예    ⑥ 예

⑦ 예    ⑧ 예

도전해 보세요   017쪽

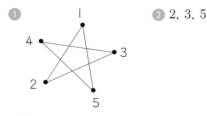   ② 2, 3, 5

① 수를 1부터 순서에 맞게 이으면 1-2-3-4-5입니다.
② 물건의 수를 순서대로 세면 분필은 2개, 지우개
   는 3개, 자석은 5개입니다.

2단계 9까지의 수

◀ 배운 것을 기억해 볼까요?   018쪽

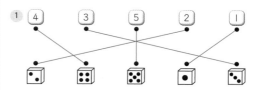

개념 익히기   019쪽

① 예   ② 예

③ 예    ④ 예

⑤ 예    ⑥ 예

⑦ 예    ⑧ 예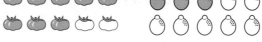

⑨ 예    ⑩ 예

개념 다지기   020쪽

① 예    ② 예

③ 예    ④ 예

⑤ 예    ⑥ 예

⑦ 예 ⬜⬜⬜⬜ ⑧ 예 ⬜⬜⬜⬜⬜

⑨ 예 ⬜⬜⬜⬜ ⑩ 예 ⬜⬜⬜⬜⬜

⑪ 예 ⬜⬜⬜⬜ ⑫ 예 ⬜⬜⬜

선생님놀이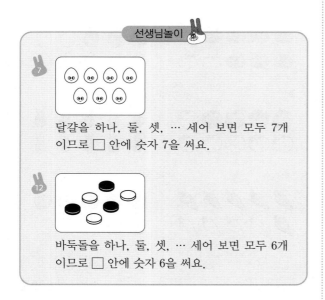

③ 9는 아홉을 나타내는 수이므로 ◯를 9개 그려요.

⑫ 여덟은 8을 나타내므로 ◯를 8개 그려요.

개념 다지기   021쪽

① 6 ② 3 ③ 8 ④ 1 ⑤ 4 ⑥ 9
⑦ 7 ⑧ 6 ⑨ 5 ⑩ 9 ⑪ 1 ⑫ 6

선생님놀이

⑦ 달걀을 하나, 둘, 셋, … 세어 보면 모두 7개 이므로 ☐ 안에 숫자 7을 써요.

⑫ 바둑돌을 하나, 둘, 셋, … 세어 보면 모두 6개 이므로 ☐ 안에 숫자 6을 써요.

개념 키우기   022쪽

①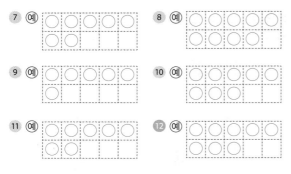

② (1) 8 (2) 6 (3) 1 (4) 8, 5, 7, 9

① 수를 세어 같은 것끼리 선으로 이어요.
② (1) 벌을 순서대로 세면 8마리입니다.
  (2) 개구리를 순서대로 세면 6마리입니다.
  (3) 클로버를 순서대로 세면 1개입니다.
  (4) 색칠된 칸을 순서대로 세어보면 8칸, 5칸, 7칸, 9칸입니다.

개념 다시보기   023쪽

① 예 ⬜⬜⬜⬜⬜ ② 예 ⬜⬜⬜⬜⬜

③ 예 ⬜⬜⬜⬜⬜ ④ 예 ⬜⬜⬜⬜⬜

⑤ 예 ⬜⬜⬜⬜⬜ ⑥ 예 ⬜⬜⬜⬜⬜

⑦ 예 ⬜⬜⬜⬜⬜ ⑧ 예 ⬜⬜⬜⬜⬜

도전해 보세요   023쪽

① 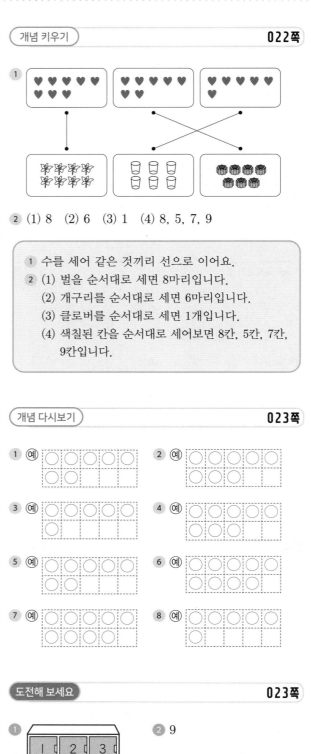 ② 9

3단계 수의 순서

배운 것을 기억해 볼까요? 024쪽

① 5   ② 9

개념 익히기 025쪽

① 5   ② 2   ③ 5   ④ 4   ⑤ 5, 8
⑥ 3, 4   ⑦ 5, 7   ⑧ 7, 8   ⑨ 8, 9   ⑩ 5, 6

개념 다지기 026쪽

① 1   ② 4   ③ 5   ④ 3, 2   ⑤ 6, 5
⑥ 8, 5   ⑦ 7, 6   ⑧ 7, 6   ⑨ 5, 2   ⑩ 9, 6

선생님놀이

🐰 1씩 작아지는 규칙이 있어요. 4에서 거꾸로 세면 3, 2, …이므로 ○ 안에 3과 2를 차례로 써요.

🐰 1씩 작아지는 규칙이 있어요. 오른쪽 수는 왼쪽 수보다 1이 작아요. 8-7-6-5로 수를 쓰면 ○를 모두 채울 수 있어요.

개념 다지기 027쪽

① 5, 6   ② 3, 6, 7   ③ 7, 8, 9
④ 1, 2, 3, 4 또는 9, 8, 7, 6   ⑤ 7, 6, 5
⑥ 8, 6, 5   ⑦ 6, 4, 3   ⑧ 5, 7, 8
⑨ 6, 5, 3   ⑩ 6, 5, 4

선생님놀이

🐰 오른쪽으로 1씩 커지는 규칙이 있어요. 맨 오른쪽 ○에 5가 들어가려면 1-2-3-4-5여야 해요.

🐰 오른쪽으로 1씩 작아지는 규칙이 있어요. 맨 오른쪽 ○에 2가 들어가려면 6-5-4-3-2여야 해요.

개념 키우기 028쪽

①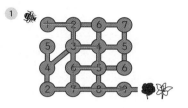

②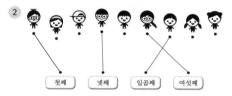

① 수를 1-2-3-4-5-6-7-8-9 순서대로 이어 탈출할 수 있습니다.
② 그림을 보고 순서대로 세어 첫째, 넷째, 일곱째, 여섯째에 알맞게 선을 잇습니다.

개념 다시보기 029쪽

① 2, 4   ② 4, 5   ③ 8, 9   ④ 7, 5
⑤ 3, 4, 5   ⑥ 3, 5, 6   ⑦ 4, 6, 7   ⑧ 7, 5, 4
⑨ 4, 3   ⑩ 5, 6, 9

도전해 보세요 029쪽

① ４ ⑦   ② 4, 6

① 4부터 순서대로 수를 세면 4, 5, 6, 7, …이므로 7은 4보다 큰 수입니다.
② 5보다 1 작은 수는 4, 5보다 1 큰 수는 6입니다.

4단계 1 큰 수와 1 작은 수

배운 것을 기억해 볼까요? **030쪽**

1 6, 7　　　　　2 5, 4, 2

개념 익히기 **031쪽**

1 (예)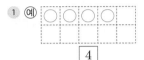
4

2 (예)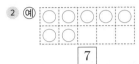
7

3 (예)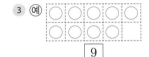
9

4 (예)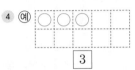
3

5 (예)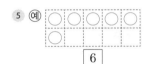
6

6 (예)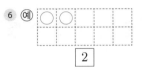
2

7 (예)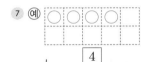
4

8 (예)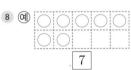
7

9 (예)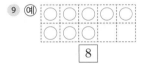
8

10 (예)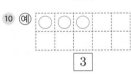
3

개념 다지기 **032쪽**

1 6, 8　　2 0, 2　　3 4, 6　　4 7, 9　　5 1, 3
6 5, 7　　7 2, 3　　8 3, 4　　9 6, 7　　10 7, 8

선생님놀이

 1보다 1 작은 수는 0이고, 1보다 1 큰 수는 2이
므로 빈 곳에 0과 2를 써요.

 가운데 ○보다 1 큰 수가 5이므로 ○는 4예요.
4보다 1 작은 수는 3이므로 처음 ○에는 3을
써요.

개념 다지기 **033쪽**

1 7　　　2 9　　　3 8　　　4 2　　　5 2
6 4　　　7 8　　　8 0　　　9 5　　　10 7

선생님놀이

4 1보다 1 큰 수는 2예요.

7 9보다 1 작은 수를 쓰는 문제예요. 9보다 1 작은
수는 8이므로 8을 써요.

개념 키우기 **034쪽**

1 (1) 4　　(2) 8
2 (1)

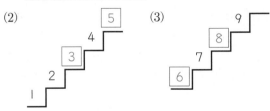

(2)
5
4
3
2
1

(3)
9
8
7
6

1 (1) 5보다 1 작은 수는 4입니다.
　 (2) 7보다 1 큰 수는 8입니다.
2 (1) 아래에서 위로, 오른쪽으로 갈수록 1씩 커지
　　 는 규칙이 있어요. 1-2-3-4-5-6-7-8 순
　　 서대로 답을 써요.
　 (2) 계단 위로 갈수록 1씩 커지는 규칙이 있어요.
　　 1-2-3-4-5 순서대로 답을 써요.
　 (3) 계단 아래로 내려올수록 1씩 작아지는 규칙
　　 이 있어요. 9-8-7-6 순서대로 답을 써요.

개념 다시보기 **035쪽**

1 0, 2　　　2 1, 3　　　3 2, 4　　　4 6, 8
5 5, 7　　　6 3, 5　　　7 4, 6　　　8 7, 9

①

②
일	월	화	수	목	금	토
			1	2	3	4
5	6	7	8	9	10	11

① 위에서 아래로, 또 오른쪽으로 1씩 커지는 규칙이 있어요. 순서대로 답을 써요.

② 오른쪽으로 1씩 커지는 규칙이 있어요. 순서대로 답을 써요.

5단계 두 수의 크기 비교

◀ 배운 것을 기억해 볼까요? **036**쪽

① 5   ② 4, 6   ③ 0, 2

④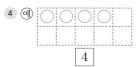

개념 익히기 **037**쪽

① 8, 작습니다에 ◯표

② 7, 작습니다에 ◯표

③ 5, 작습니다에 ◯표

④ 7, 큽니다에 ◯표

⑤ 2, 작습니다에 ◯표

⑥ 2, 큽니다에 ◯표

⑦ 7, 큽니다에 ◯표

⑧ 6, 작습니다에 ◯표

⑨ 7, 큽니다에 ◯표

⑩ 6, 작습니다에 ◯표

① 4 ⑥   ② 3 ⑧   ③ ⑦ 2   ④ ⑨ 1

⑤ ⑥ 0   ⑥ 4 ⑦   ⑦ 2 ⑧   ⑧ ⑥ 3

⑨ ⑨ 5   ⑩ 1 ②

선생님놀이

④ 9와 1 중 더 큰 수를 찾는 문제예요. 1보다 9가 더 큰 수이므로 9에 ◯표를 해요.

⑦ 2와 8 중에서 더 큰 수를 찾아요. 2보다 8이 더 큰 수이므로 8에 ◯표를 해요.

개념 다지기 **039**쪽

① 6 ◯◯◯◯◯◯ / 4 ◯◯◯◯

6은 4보다 (큽니다, 작습니다).

② 5 ◯◯◯◯◯ / 7 ◯◯◯◯◯◯◯

5는 7보다 (큽니다, 작습니다).

③ 3 ◯◯◯ / 8 ◯◯◯◯◯◯◯◯

3은 8보다 (큽니다, 작습니다).

④ 7 ◯◯◯◯◯◯◯ / 6 ◯◯◯◯◯◯

7은 6보다 (큽니다, 작습니다).

⑤ 9 ◯◯◯◯◯◯◯◯◯ / 2 ◯◯

9는 2보다 (큽니다, 작습니다).

2 수만큼 ○를 그려 두 수의 크기를 비교해요. 5에는 ○를 5개, 7에는 ○를 7개 그려요. 7에 ○를 더 많이 그렸으므로 5보다 7이 더 큰 수예요. 또, 5는 7보다 작은 수이므로 5는 7보다 '작습니다'에 ○ 표시를 해요.

개념 키우기   **040쪽**

1 (1) 5, 큽니다에 ○표   (2) 6, 작습니다에 ○표

   (3) 3, 작습니다에 ○표   (4) 2, 작습니다에 ○표

2 🐿️ 6   🐦 5   🦋 7

   (1) 7   (2) 5

1 (1) 돌의 수를 세어 두 수의 크기를 비교해요. 7은 5보다 큰 수입니다.
(2) 자동차의 수를 세어 두 수의 크기를 비교해요. 4는 6보다 작은 수입니다.
(3) 사탕과 빵의 수를 세어 두 수의 크기를 비교해요. 3은 5보다 작은 수입니다.
(4) 비행기와 배의 수를 세어 두 수의 크기를 비교해요. 2는 7보다 작은 수입니다.
2 다람쥐, 새, 나비의 수를 세요. 다람쥐는 6마리, 새는 5마리, 나비는 7마리입니다. 가장 큰 수는 7, 가장 작은 수는 5입니다.

개념 다시보기   **041쪽**

1 0 ⑤   2 ④ 3   3 ⑧ 2   4 6 ⑨

5 3 ⑤   6 ⑦ 1   7 ⑥ 4   8 ⑨ 2

도전해 보세요   **041쪽**

1 🍓 8   🍎 6   🍄 0

2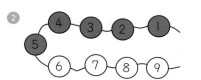

---

1 딸기의 수를 세면 8개, 사과의 수를 세면 6개입니다. 버섯은 없으므로 0개입니다.
2 6보다 작은 수는 1, 2, 3, 4, 5입니다.

6단계   **모으기**

◀ **배운 것을 기억해 볼까요?**   **042쪽**

1 5, 7   2 4, 6

개념 익히기   **043쪽**

1 5   2 4   3 8   4 4
5 4   6 3   7 8   8 7

개념 다지기   **044쪽**

1 5   2 4   3 5   4 5   5 3
6 5   7 6   8 7   9 7   10 8
11 8   12 6

선생님놀이

4 두 수를 모으는 문제예요. 3과 2를 모으면 5이므로 □ 안에 5를 써요.

11 두 수를 모으는 문제예요. 5와 3을 모으면 8이므로 □ 안에 8을 써요.

개념 다지기   **045쪽**

1 3   2 5   3 4   4 5   5 5
6 4   7 8   8 9   9 9   10 9
11 8   12 7   13 8   14 9   15 7

선생님놀이

5 왼쪽의 두 수를 모아 오른쪽에 써요. 4와 1을 모으면 5이므로 □ 안에 5를 써요.

12 4와 3을 모으면 7이므로 □ 안에 7을 써요.

046쪽

① (1)
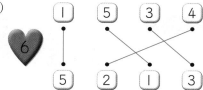

(2)
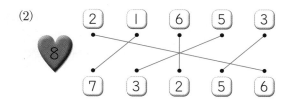

② (1) 5 (2) 2

> ① (1) 두 수를 모아 6이 되도록 선을 이어요. 1과 5,
> 5와 1, 3과 3, 4와 2를 모으면 6이 돼요.
> (2) 두 수를 모아 8이 되도록 선을 이어요. 2와
> 6, 1과 7, 6과 2, 5와 3, 3과 5를 모으면 8이
> 돼요.
> ② (1) 두 수를 모아 가운데의 수를 만드는 문제예
> 요. 4와 3을 모으면 7이므로 2와 모아 7이 되
> 는 수를 찾으면 5입니다.
> (2) 1과 4를 모으면 5이므로 3과 모아 5가 되는
> 수를 찾으면 2입니다.

개념 다시보기 **047쪽**

① 3　　② 7　　③ 4　　④ 9　　⑤ 8
⑥ 4　　⑦ 8　　⑧ 9　　⑨ 7

도전해 보세요 **047쪽**

① 　　② 4, 9

> ① 두 수를 모아 8이 되어야 해요. 2와 6을 모으면
> 8, 4와 4를 모으면 8이 됩니다.
> ② 3과 모아 7이 되는 수는 4, 7과 2를 모으면 9이므
> 로 빈칸에 4, 9를 써요.

7단계 가르기

배운 것을 기억해 볼까요? **048쪽**

① 7　　　② 7　　　③ 5

개념 익히기 **049쪽**

① 1　　② 2　　③ 2　　④ 2
⑤ 1　　⑥ 5　　⑦ 6　　⑧ 3

개념 다지기 **050쪽**

① 1　② 3　③ 6　④ 3　⑤ 4
⑥ 1　⑦ 7　⑧ 6　⑨ 3　⑩ 5
⑪ 5　⑫ 5

선생님놀이

> ⑥ 4를 3과 몇으로 가르기 하는 문제예요. 4는 3과
> 1로 가를 수 있으므로 □ 안에 1을 써요.
>
> ⑩ 9를 몇과 4로 가르기 하는 문제예요. 9는 5와 4
> 로 가르기 할 수 있으므로 □ 안에 5를 써요.

개념 다지기 **051쪽**

① 2　② 3　③ 3　④ 1　⑤ 2
⑥ 3　⑦ 3　⑧ 4　⑨ 8　⑩ 5
⑪ 1　⑫ 5　⑬ 1　⑭ 6　⑮ 6

선생님놀이

> ④ 2는 1과 1로 가르기 할 수 있으므로 □에 1을
> 써요.
>
> ⑫ 7을 오른쪽 두 수 2와 몇으로 가르기 하는 문제
> 예요. 7은 2와 5로 가르기 할 수 있으므로 □ 안
> 에 5를 써요.

1 (1) 1, 5; 5, 1　　　　(2) 2, 3; 3, 2

2 (1)

3	1	2	3	1
1	3	2	1	3

(2)

6	3	1	5	4
2	5	7	3	4

(3)

1	4	3	2	1
5	2	3	4	5

(4)

3	1	6	3	5
4	6	1	4	2

1 (1) 그림의 케이크와 도넛을 세요. 케이크는 한 조각, 도넛은 5개이므로 6을 1, 5 또는 5, 1 로 가르기 할 수 있어요.
　(2) 그림의 모자를 세요. 5는 2, 3 또는 3, 2로 가르기 할 수 있어요.

2 (1) 4를 여러 가지로 가르기 할 수 있어요.
　　3, 1; 1, 3; 2, 2; 3, 1; 1, 3
　(2) 8을 여러 가지로 가르기 할 수 있어요.
　　6, 2; 3, 5; 1, 7; 5, 3; 4, 4
　(3) 6을 여러 가지로 가르기 할 수 있어요.
　　1, 5; 4, 2; 3, 3; 2, 4; 1, 5
　(4) 7을 여러 가지로 가르기 할 수 있어요.
　　3, 4; 1, 6; 6, 1; 3, 4; 5, 2

1 1　　2 3　　3 1　　4 2　　5 6
6 5　　7 2　　8 7　　9 3

1 ♥, 5

2

1	4
2	3
3	2
4	1

1 8을 3과 몇으로 가르기 하는 문제예요. 8은 3과 5로 가르기 할 수 있으므로, ♥가 5개가 되려면 빈 곳에 ♥를 그려야 해요. 다른 빈칸에는 5를 써요.
2 공은 모두 5개입니다. 5를 여러 가지로 가르기 할 수 있어요. 1, 4; 3, 2; 4, 1

8단계　덧셈식으로 나타내기

1 5　　　2 1　　　3 (1) 20　(2) 29

1 5　　2 3　　3 1, 3　　4 4, 5
5 1, 4　　6 5, 9　　7 2, 8　　8 2, 6

1 2 + 1 = 3　　　2 5 + 3 = 8

3 3 + 2 = 5　　　4 1 + 2 = 3

5 5 + 2 = 7　　　6 4 + 4 = 8

7 1 + 5 = 6　　　8 6 + 2 = 8

선생님놀이

3

도미노 한 칸에 있는 점의 수를 세어 덧셈을 해요. 왼쪽 칸에는 점이 3개, 오른쪽 칸에는 점이 2개 있으므로 덧셈식 3+2=5를 만들 수 있어요.

7

도미노 왼쪽에는 점이 1개 있고, 오른쪽에는 점이 5개 있으므로 덧셈식 1+5=6을 만들 수 있어요.

1 　3 ＋ 2 ＝ 5　　　2 　2 ＋ 5 ＝ 7

3 　1 ＋ 4 ＝ 5　　　4 　5 ＋ 3 ＝ 8

5 　3 ＋ 4 ＝ 7　　　6 　4 ＋ 1 ＝ 5

7 　4 ＋ 3 ＝ 7　　　8 　6 ＋ 2 ＝ 8

9 　2 ＋ 4 ＝ 6　　　10 　1 ＋ 6 ＝ 7

선생님놀이

4

흰색 모형이 5개, 검은색 모형이 3개이므로 모형은 모두 8개예요. 덧셈식으로 나타내면 5+3=8이에요.

9

흰색 모형이 2개, 검은색 모형이 4개이므로 모형은 모두 6개예요. 덧셈식으로 나타내면 2+4=6이에요.

1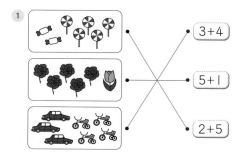

　　　　　　　　3+4
　　　　　　　　5+1
　　　　　　　　2+5

2 (1) 4 ＋ 1 ＝ 5　　(2) 3 ＋ 2 ＝ 5

1 (1) 그림의 수를 세어 덧셈식을 만들어요. 사탕 2개와 막대사탕 5개이므로 덧셈식 2+5를 만들 수 있어요. 장미 5송이와 튤립 1송이이므로 덧셈식 5+1을 만들 수 있어요. 자동차 3대와 자전거 4대이므로 덧셈식 3+4를 만들 수 있어요.

2 (1) ⬛ 모양은 상자 2개, 쿠키 상자 1개, 큐브 1개로 모두 4개입니다. ⬛ 모양은 사이다 캔 1개입니다. 덧셈식 4+1=5를 만들 수 있어요.

(2) ⬤ 모양은 배 1개, 축구공 1개, 야구공 1개로 모두 3개입니다. 🔺 모양은 아이스크림콘 2개로 모두 2개입니다. 덧셈식 3+2=5를 만들 수 있어요.

1 　2 ＋ 3 ＝ 5　　　2 　5 ＋ 3 ＝ 8

3 　3 ＋ 1 ＝ 4　　　4 　2 ＋ 6 ＝ 8

5 　1 ＋ 2 ＝ 3　　　6 　4 ＋ 4 ＝ 8

1 7, 9　　　　　2 7

1 도미노 한 칸에 있는 점의 수를 세어 덧셈을 해요. 왼쪽 칸에는 점이 7개, 오른쪽 칸에는 점이 2개이므로 덧셈식 7+2=9를 만들 수 있어요.

2 두 수를 모으는 문제예요. 3과 4를 모으면 7입니다.

9단계　덧셈하기 1

1 2, 5　　　　　　　2 5, 3, 8

1 7　　　　　　　2 8

예 　　예

③ 6

④ 7

⑤ 5

⑥ 9

⑦ 8

⑧ 7

개념 다지기　　　　　　　062쪽

① 4　　② 4　　③ 9　　④ 6　　⑤ 6
⑥ 7　　⑦ 8　　⑧ 9　　⑨ 8　　⑩ 5

선생님놀이 🐰

⑤

도미노에 있는 점의 수를 모두 세어 덧셈을 해요. 도미노의 왼쪽에 점이 4개 있고, 오른쪽에 점이 2개 있으므로 4+2=6이에요.

⑧

도미노에 있는 점의 수를 모두 세어 덧셈을 해요. 도미노의 왼쪽에 점이 5개 있고, 오른쪽에 점이 4개 있으므로 5+4=9예요.

개념 다지기　　　　　　　063쪽

① 3, 3　　　　　　② 9, 9
③ 5, 5　　　　　　④ 6, 3, 6
⑤ 9, 6, 9　　　　⑥ 8, 6, 2, 8
⑦ 6, 4, 2, 6　　⑧ 6, 1, 5, 6
⑨ 7, 1, 6, 7　　⑩ 8, 4, 4, 8

선생님놀이 🐰

③

4+1=□를 계산하기 위해 두 주사위의 점의 수를 더해요. 따라서 4+1=5가 돼요.

⑦

주사위의 점의 수 4와 2를 모두 더하면 6이에요. 덧셈식으로 나타내면 4+2=6이에요.

개념 키우기　　　　　　　064쪽

①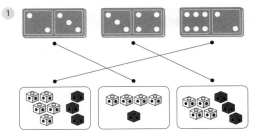

② (1) 3, 2, 5　　(2) 3, 4, 7

① 도미노에 있는 점의 수를 세어 덧셈식을 만들면 순서대로 2+3=5, 3+4=7, 6+2=8입니다. 흰색 모형과 검은색 모형의 수를 세어 덧셈식을 만들면 순서대로 5+3=8, 4+1=5, 4+3=7입니다. 합이 같은 것끼리 선으로 이으면 위와 같은 모양이 돼요.

② (1) 장난감 자동차는 3개, 장난감 비행기는 2개이므로 덧셈식 3+2=5를 만들 수 있어요.
　(2) 땅 위에 있는 오리 3마리, 물 위에 있는 오리 4마리이므로 덧셈식 3+4=7을 만들 수 있어요.

개념 다시보기　　　　　　065쪽

① 6　　② 4　　③ 7　　④ 5
⑤ 8　　⑥ 5　　⑦ 8　　⑧ 7

❶ 6, 7, 8　　　　　　　　❷ 3

> ❶ 밭에 있는 무는 5개예요. 밭 바깥에 있는 무가 각각 1개, 2개, 3개이므로 덧셈식 5+1=6, 5+2=7, 5+3=8을 만들 수 있어요.
> ❷ 상자 밖에 있는 사탕이 4개예요. 상자 안에 있는 사탕과 합하면 모두 7개이므로 상자 안에 있는 사탕은 3개예요. 따라서 3+4=7이 돼요.

10단계　덧셈하기 2

❶ 8　　　　　　　　❷ 6

❶ 6, 6　　　❷ 4, 4　　　❸ 7, 7
❹ 9, 9　　　❺ 5, 5　　　❻ 9, 5, 9
❼ 8, 7, 8　　❽ 8, 6, 8　　❾ 6, 3, 6
❿ 7, 5, 7

❶ 4　　❷ 7　　❸ 9　　❹ 7　　❺ 7
❻ 9　　❼ 9　　❽ 6　　❾ 6　　❿ 2
⓫ 4　　⓬ 8　　⓭ 8　　⓮ 6　　⓯ 6
⓰ 8　　⓱ 6　　⓲ 6

> **선생님놀이**
>
> 🐰❻ 3과 6의 덧셈을 해요. 3과 6을 더하면 9이므로 □ 안에 9를 써요.
>
> 🐰⓱ 두 수 1과 5를 더하면 6이므로 □ 안에 6을 써요.

❶ 7;　2 + 5 = 7　　　❷ 8;　6 + 2 = 8
❸ 7;　4 + 3 = 7　　　❹ 6;　5 + 1 = 6
❺ 9;　8 + 1 = 9　　　❻ 6;　3 + 3 = 6
❼ 6;　4 + 2 = 6　　　❽ 8;　5 + 3 = 8

> **선생님놀이** 🐰
>
> 🐰❺ 8과 1을 모으기 하면 9가 돼요. 식으로 나타내면 8+1=9예요.
>
> 🐰❽ 5와 3을 모으기 하면 8이 돼요. 식으로 나타내면 5+3=8이에요.

❶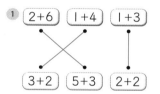

❷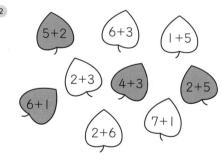

> ❶ 덧셈식의 합이 같은 것끼리 선으로 이어야 해요. 2+6=8, 1+4=5, 1+3=4입니다. 또, 3+2=5, 5+3=8, 2+2=4입니다. 합이 같은 것끼리 이으면 그림과 같은 모양이 됩니다.
> ❷ 합이 7이 되는 나뭇잎을 찾아야 해요. 5+2=7, 4+3=7, 2+5=7, 6+1=7이므로 그림과 같이 색칠해요.

개념 다시보기   071쪽

1 7   2 7   3 5   4 6   5 9
6 4   7 8   8 8   9 6   10 9
11 6   12 3   13 7   14 8   15 6

도전해 보세요   071쪽

1 5   2 8, 6, 9

1 2와 몇을 더해 합이 7이므로 빈칸에 들어갈 답은 5입니다.
2 5+3=8, 5+1=6, 5+4=9를 계산해 빈칸에 답을 써요.

11단계 뺄셈식으로 나타내기

배운 것을 기억해 볼까요?   072쪽

1 8   2 4   3 8

개념 익히기   073쪽

1 4   2 3   3 1, 4   4 8, 5, 3
5 1   6 3, 2   7 4, 3   8 8, 3

개념 다지기   074쪽

1 $4 - 3 = 1$ 2 $7 - 1 = 6$
3 $9 - 5 = 4$ 4 $5 - 2 = 3$
5 $7 - 4 = 3$ 6 $5 - 3 = 2$
7 $6 - 2 = 4$ 8 $8 - 5 = 3$
9 $3 - 1 = 2$ 10 $9 - 4 = 5$

선생님놀이

4

모형이 모두 5개 있는데 그중 2개를 덜어 내면 3개가 남아요. 식으로 나타내면 5-2=3이에요.

8

두 모형을 비교하는 그림이에요. 흰색 모형이 8개, 검은색 모형이 5개이므로 흰색 모형이 검은색 모형보다 3개 더 많아요. 식으로 나타내면 8-5=3이에요.

개념 다지기   075쪽

1 $6 - 2 = 4$ 2 $9 - 6 = 3$
3 $5 - 2 = 3$ 4 $8 - 3 = 5$
5 $6 - 5 = 1$ 6 $3 - 2 = 1$
7 $7 - 4 = 3$ 8 $4 - 1 = 3$
9 $5 - 3 = 2$ 10 $9 - 7 = 2$

선생님놀이

5

바둑돌 6개가 있는데 그중 5개를 지웠어요. 남은 바둑돌은 1개예요. 뺄셈식으로 나타내면 6-5=1이에요.

9

두 수를 비교하는 그림이에요. 검은색 바둑돌이 5개, 흰색 바둑돌이 3개이므로 검은색 바둑돌이 흰색 바둑돌보다 2개 더 많아요. 뺄셈식으로 나타내면 5-3=2예요.

개념 키우기　　　　　　　**076쪽**

1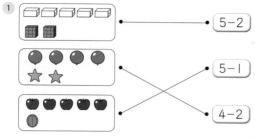

5-2

5-1

4-2

2 (1) $6 - 2 = 4$　　(2) $4 - 3 = 1$

(3) $4 - 1 = 3$　　(4) $8 - 6 = 2$

1 그림을 비교해 뺄셈식을 만들 수 있어요. 그림과 뺄셈식을 연결하면 위와 같은 모양이 돼요.
2 (1) 사탕 6개 중 2개를 먹었으므로 뺄셈식 6-2=4를 만들 수 있어요.
(2) 사탕 4개 중 3개를 먹었으므로 뺄셈식 4-3=1을 만들 수 있어요.
(3) 사탕 4개 중 1개를 먹었으므로 뺄셈식 4-1=3을 만들 수 있어요.
(4) 사탕 8개 중 6개를 먹었으므로 뺄셈식 8-6=2를 만들 수 있어요.

개념 다시보기　　　　　　**077쪽**

1 $7 - 3 = 4$　　　2 $2 - 1 = 1$

3 $3 - 2 = 1$　　　4 $5 - 1 = 4$

5 $8 - 6 = 2$　　　6 $4 - 2 = 2$

도전해 보세요　　　　　　**077쪽**

1 $6 - 2 = 4$

2 (예) ★★★⟨★★★★★★⟩ 3

1 바둑돌 6개 중 2개를 지웠어요. 이것을 식으로 나타내면 6-2=4예요.
2 별 9개 중 6개를 지워 뺄셈을 할 수 있어요. 9에 서 6을 빼면 3이 돼요.

12단계　뺄셈하기 1

배운 것을 기억해 볼까요?　　　**078쪽**

1 3　　　　　　　2 8, 5

개념 익히기　　　　　　　**079쪽**

1 3; (예) ○○○⊘　　2 2; (예) ●●●●●○○○

3 6; (예) ○○○○○⊘　　4 1; (예) ●●○

5 3; (예) ○○○○⊘⊘○○　　6 4, 2; (예) ●●●●●●○○

7 2, 3; (예) ○○○○⊘⊘　　8 2, 2; (예) ●●●●○○

개념 다지기　　　　　　　**080쪽**

1 1　　2 5　　3 2, 5　　4 4　　5 1, 4

6 4　　7 6, 2　　8 2, 3　　9 9, 6, 3　　10 5, 2

선생님놀이

4

두 수를 비교하여 뺄셈을 해요. 검은색 바둑돌과 흰색 바둑돌을 하나씩 연결하면 검은색 바둑돌이 4개 남아요. 식으로 나타내면 9-5=4이므로 □ 안에 4를 써요.

7 ○○⊘○⊘○⊘○

○8개 중 6개를 지웠어요. 식으로 나타내면 8-6=2예요.

개념 다지기　　　　　　　**081쪽**

1 3; $4 - 1 = 3$

2 1; $6 - 5 = 1$ 또는 $6 - 1 = 5$

③ 6; $8 - 2 = 6$ 또는 $8 - 6 = 2$

④ 1; $3 - 2 = 1$ 또는 $3 - 1 = 2$

⑤ 4; $9 - 5 = 4$ 또는 $9 - 4 = 5$

⑥ 1; $5 - 4 = 1$ 또는 $5 - 1 = 4$

⑦ 4; $7 - 3 = 4$ 또는 $7 - 4 = 3$

⑧ 3; $8 - 5 = 3$ 또는 $8 - 3 = 5$

선생님놀이

🐰 ④ 3은 2와 1로 가르기 할 수 있어요. 뺄셈식으로 나타내면 3-2=1 또는 3-1=2예요.

🐰 ⑧ 8은 5와 3으로 가르기 할 수 있어요. 뺄셈식으로 나타내면 8-5=3 또는 8-3=5예요.

개념 키우기　　082쪽

①

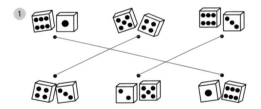

② (1) $5 - 3 = 2$　(2) $4 - 1 = 3$

(3) $3 - 2 = 1$　(4) $8 - 3 = 5$

① 주사위의 눈을 세어 차를 계산해요. 차가 같은 것끼리 선으로 이으면 이런 모양이 됩니다.

② (1) 쿠키 5개 중 3개를 먹었으므로 뺄셈식 5-3=2를 만들 수 있어요.

(2) 쿠키 4개 중 1개를 먹었으므로 뺄셈식 4-1=3을 만들 수 있어요.

(3) 쿠키 3개 중 2개를 먹었으므로 뺄셈식 3-2=1을 만들 수 있어요.

(4) 쿠키 8개 중 3개를 먹었으므로 뺄셈식 8-3=5를 만들 수 있어요.

개념 다시보기　　083쪽

① 1　　② 7　　③ 7　　④ 2
⑤ 4, 3　　⑥ 6, 1　　⑦ 3, 5　　⑧ 2, 1

도전해 보세요　　083쪽

① 5, 4, 3　　　　② 4

① 버섯 6개를 하나씩 지워 뺄셈을 해요. 6-1=5, 6-2=4, 6-3=3이에요.

② 쿠키가 모두 7개 있고, 상자 밖에 있는 쿠키가 3개입니다. 7-3=4이므로 상자 안에는 쿠키가 4개 들어 있어요.

13단계　뺄셈하기 2

배운 것을 기억해 볼까요?　　084쪽

① 8, 5　　　　② 5; 2, 5 또는 5, 2

개념 익히기　　085쪽

① 2, 2　　　　② 3, 3
③ 1, 1　　　　④ 5, 5
⑤ 1, 1　　　　⑥ 1, 1
⑦ 3, 4, 3 또는 3, 3, 4
⑧ 3, 3, 1 또는 3, 1, 3
⑨ 3, 3, 3
⑩ 7, 2, 7 또는 7, 7, 2

개념 다지기　　086쪽

① 1　　② 2　　③ 9　　④ 1　　⑤ 3
⑥ 3　　⑦ 5　　⑧ 2　　⑨ 8　　⑩ 7
⑪ 6　　⑫ 4　　⑬ 4　　⑭ 2　　⑮ 1
⑯ 3　　⑰ 2　　⑱ 2

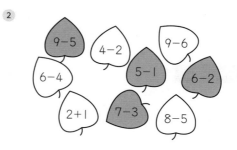

선생님놀이

7 7에서 2를 빼면 5가 남아요. 따라서 □ 안에 5를 써요.

15 5에서 4를 빼면 1이에요. 따라서 □ 안에 1을 써요.

개념 다지기　　　　　　　　　087쪽

1 2; $8 - 6 = 2$

2 2; $4 - 2 = 2$

3 2; $3 - 1 = 2$ 또는 $3 - 2 = 1$

4 4; $8 - 4 = 4$

5 2; $9 - 7 = 2$ 또는 $9 - 2 = 7$

6 2; $5 - 3 = 2$ 또는 $5 - 2 = 3$

7 1; $6 - 5 = 1$ 또는 $6 - 1 = 5$

8 4; $9 - 5 = 4$ 또는 $9 - 4 = 5$

선생님놀이

3 3은 1과 2로 가르기 할 수 있어요. 뺄셈식으로 나타내면 3−1=2 또는 3−2=1이에요.

8 9는 5와 4로 가르기 할 수 있어요. 뺄셈식으로 나타내면 9−5=4 또는 9−4=5예요.

개념 키우기　　　　　　　　　088쪽

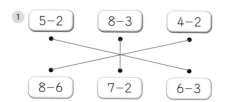

1 차가 4가 되는 나뭇잎을 찾아야 해요. 9−5=4, 5−1=4, 6−2=4, 7−3=4이므로 그림과 같이 색칠해요.

1 뺄셈식을 계산하여 차가 같은 것끼리 이으면 이런 모양이 됩니다.

2 차가 4가 되는 나뭇잎을 찾아야 해요. 9−5=4, 5−1=4, 6−2=4, 7−3=4이므로 그림과 같이 색칠해요.

개념 다시보기　　　　　　　　　089쪽

1 5	2 3	3 3	4 2	5 1
6 1	7 1	8 4	9 1	10 5
11 2	12 1	13 5	14 3	15 1

도전해 보세요　　　　　　　　　089쪽

1 (1) 4　(2) 4　　　　2 5, 7, 3

1 9는 4와 5로 가르기 할 수 있어요. 뺄셈식으로 나타내면 9−4=5 또는 9−5=4예요.

2 8−3=5, 8−1=7, 8−5=3입니다.

14단계 0을 더하거나 빼기

▶ **배운 것을 기억해 볼까요?** **090쪽**

① 7, 9　　　　② 2, 6

개념 익히기 **091쪽**

① 2	② 5	③ 9	④ 4	⑤ 3
⑥ 3	⑦ 7	⑧ 7	⑨ 6	⑩ 1
⑪ 0	⑫ 5	⑬ 0	⑭ 0	⑮ 8
⑯ 0	⑰ 9	⑱ 6		

개념 다지기 **092쪽**

① 5	② 3	③ 7	④ 6	⑤ 0
⑥ 2	⑦ 4	⑧ 4	⑨ 6	⑩ 2
⑪ 0	⑫ 2	⑬ 8	⑭ 8	⑮ 1
⑯ 7	⑰ 3	⑱ 0		

선생님놀이

🐰 어떤 수에 0을 더하면 어떤 수이므로, 2에 0을 더하면 2 자신이 돼요. 2+0=2예요.

🐰 (어떤 수)−0=(어떤 수)이므로 8−0=8이에요.

개념 다지기 **093쪽**

① 2 + 0 = 2　　　② 5 − 0 = 5

③ 4 − 4 = 0　　　④ 0 + 2 = 2

⑤ 0 + 8 = 8　　　⑥ 8 − 0 = 8

⑦ 0 − 0 = 0　　　⑧ 3 + 0 = 3

⑨ 0 + 5 = 5　　　⑩ 6 − 6 = 0

선생님놀이

🐰 아무것도 없는 것과 8을 더하는 그림이므로 0+8=8이에요.

🐰 (어떤 수)−(어떤 수)=0이므로 6−6=0이에요.

개념 키우기 **094쪽**

① (1) 3 + 0 = 3　(2) 0 + 4 = 4

　(3) 0 + 6 = 6　(4) 8 + 0 = 8

② (1) 3　(2) 0　(3) 2
　(4) 6　(5) 4　(6) 0
　(7) 7　(8) 9　(9) 0

① (1) 어떤 수에 0을 더하면 어떤 수이므로 3+0=3
　　이에요.
　(2) 도미노의 눈을 세어 덧셈식 0+4=4를 만들 수
　　있어요.
　(3) 도미노의 눈을 세어 덧셈식 0+6=6을 만들 수
　　있어요.
　(4) 도미노의 눈을 세어 덧셈식 8+0=8을 만들 수
　　있어요.

② (1) 3에 0을 더하면 3입니다.
　(2) 5에서 5를 빼면 0입니다.
　(3) 0에 2를 더하면 2입니다.
　(4) 6에서 0을 빼면 6입니다.
　(5) 4에 0을 더하면 4입니다.
　(6) 8에서 8을 빼면 0입니다.
　(7) 0에 7을 더하면 7입니다.
　(8) 9에서 0을 빼면 9입니다.
　(9) 0에서 0을 빼면 0입니다.

개념 다시보기 **095쪽**

① 9	② 0	③ 4	④ 2	⑤ 0
⑥ 2	⑦ 4	⑧ 0	⑨ 3	⑩ 7
⑪ 8	⑫ 1	⑬ 8	⑭ 0	⑮ 5

① 덧셈식: 3, 0, 3 또는 0, 3, 3
　 뺄셈식: 3, 3, 0 또는 3, 0, 3
② (1) 5　(2) 2　(3) 6

> ① 수 카드가 0, 3, 3이므로 만들 수 있는 덧셈식은
> 　 3+0=3 또는 0+3=3입니다. 만들 수 있는 뺄셈식
> 　 은 3-3=0 또는 3-0=3입니다.
> ② (1) 2+3=5입니다.
> 　 (2) 어떤 수와 5를 더해 7이 되었어요. 따라서
> 　　　 2+5=7입니다.
> 　 (3) 어떤 수에서 2를 뺐더니 4가 되었어요. 따라
> 　　　 서 6-2=4입니다.

15단계　덧셈과 뺄셈

① | 7 | − | 5 | = | 2 |
② (1) 7　(2) 8
③ (1) 6　(2) 5

① 6	② 8	③ 7	④ 9	⑤ 4
⑥ 0	⑦ 9	⑧ 3	⑨ 0	⑩ 7
⑪ 9	⑫ 9	⑬ 4	⑭ 3	⑮ 7
⑯ 5	⑰ 9	⑱ 2		

① +	② +	③ +	④ −	⑤ −
⑥ −	⑦ −	⑧ −	⑨ −	⑩ −
⑪ +	⑫ +	⑬ +	⑭ +	⑮ −
⑯ +	⑰ −	⑱ +		

 선생님놀이

🐰⑦ 5에 4를 계산한 결과가 1이므로 처음 수보다 작
아졌어요. 뺄셈을 한 것이에요. 따라서 5-4=1이
에요.

🐰⑯ 2에 6을 계산한 결과가 8이므로 처음 수보다 커
졌어요. 덧셈을 한 것이에요. 따라서 2+6=8이
에요.

① 2, 3, 3, 2	② 3, 5, 5, 3
③ 2, 7, 7, 5	④ 5, 6, 6, 5
⑤ 7, 9, 9, 7	⑥ 4, 5, 5, 4
⑦ 0, 2, 2, 0	⑧ 5, 8, 8, 5
⑨ 0, 4, 4, 4	⑩ 3, 7, 7, 4

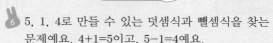 선생님놀이

🐰⑥ 5, 1, 4로 만들 수 있는 덧셈식과 뺄셈식을 찾는
문제예요. 4+1=5이고, 5-1=4예요.

🐰⑨ 4, 0, 4를 모두 사용하여 덧셈식과 뺄셈식을 만
드는 문제예요. 0+4=4, 4-4=0이 돼요.

①
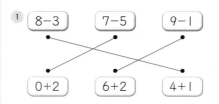

| 8−3 | 7−5 | 9−1 |

| 0+2 | 6+2 | 4+1 |

② (1) | 4 | + | 3 | = | 7 |
　 (2) | 8 | − | 2 | = | 6 |
　 (3) | 9 | − | 3 | = | 6 |
　 (4) | 3 | + | 6 | = | 9 | 또는 | 6 | + | 3 | = | 9 |

1 덧셈식과 뺄셈식을 계산하여 답이 같은 것끼리 이으면 이런 모양이 됩니다.
2 (1) 상자 밖에 사과가 4개, 상자 안에 사과가 3개 있으므로 덧셈식 4+3=7을 만들 수 있어요.
　　(2) 달걀 8개 중 2개가 깨졌으므로 뺄셈식 8−2=6 을 만들 수 있어요.
　　(3) 빵 9개 중 3개를 먹었으므로 뺄셈식 9−3=6 을 만들 수 있어요.
　　(4) 상자 밖에 쿠키가 3개, 상자 안에 쿠키가 6개 있으므로 덧셈식 3+6=9 또는 6+3=9를 만들 수 있어요.

개념 다시보기　　　101쪽

1 7　　2 9　　3 1　　4 2　　5 1
6 7　　7 3　　8 6　　9 5　　10 5
11 8　　12 6　　13 9　　14 4　　15 0

도전해 보세요　　　101쪽

1 5　　　　2 (1) 5　(2) 7　(3) 6

1 사탕이 모두 7개 있어요. 상자 밖에 사탕이 2개 있으므로 상자 안에는 사탕이 5개 있습니다. 덧셈식 5+2=7을 만들 수 있어요.
2 (1) 어떤 수에서 3을 뺐더니 2가 되었어요. 뺄셈식 5−3=2를 만들 수 있어요.
　　(2) 어떤 수에서 5를 뺐더니 2가 되었어요. 뺄셈식 7−5=2를 만들 수 있어요.
　　(3) 어떤 수에서 4를 뺐더니 2가 되었어요. 뺄셈식 6−4=2를 만들 수 있어요.

16단계　10이 되는 모으기와 가르기

배운 것을 기억해 볼까요?　　　102쪽

1 5; 7, 2, 5 또는 7, 5, 2
2 (1) 2　　(2) 8
3 4, 4

개념 익히기　　　103쪽

1 10　　2 10　　3 10　　4 4
5 7　　6 8　　7 3　　8 10

개념 다지기　　　104쪽

1 10　　2 10　　3 10　　4 8
5 4　　6 7　　7 3　　8 8
9 10　　10 9　　11 6　　12 8

선생님놀이

3 7과 3을 모으기 하면 10이에요.

11 10을 □와 4로 가르기 했어요. □가 될 수 있는 수는 6이에요.

개념 다지기　　　105쪽

1 10　　2 10　　3 10　　4 8
5 5　　6 10　　7 2　　8 7
9 10　　10 6　　11 9　　12 6

선생님놀이

4 10을 2와 □로 가르기 했어요. □가 될 수 있는 수는 8이에요.

8 3과 □를 모으기 하면 10이에요. 식으로 나타내 면 3+□=10이므로 □가 될 수 있는 수는 7이 에요.

154

①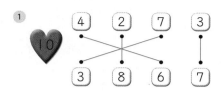

②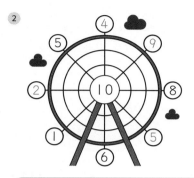

① 두 수를 모아 10이 되도록 선을 이어요. 4와 6, 2
와 8, 7과 3, 3과 7을 각각 모으면 10이 돼요.
② 마주 보는 두 수의 합이 10이 되도록 답을 써요.
4와 6, 9와 1, 8과 2, 5와 5는 각각 합이 10이 됩
니다.

개념 다시보기　107쪽

① 1　　　② 8　　　③ 10
④ 10　　　⑤ 4　　　⑥ 8
⑦ 1　　　⑧ 10　　　⑨ 10

도전해 보세요　107쪽

① 10　　　　　② 6, 10

① 왼쪽 칸 구슬은 6개, 오른쪽 칸 구슬은 4개입니
다. 덧셈식 6+4=10을 만들 수 있어요.
② 3과 3을 더하면 6이에요. 6과 4를 더하면 10이
에요.

17단계 십몇 모으기와 가르기

배운 것을 기억해 볼까요?　108쪽

① 8　　② (1) 8　(2) 3　③ 10, 10

개념 익히기　109쪽

① 11　　② 16　　③ 12　　④ 8
⑤ 8　　⑥ 7　　⑦ 6　　⑧ 14

개념 다지기　110쪽

① 12　② 13　③ 11　④ 7　⑤ 9
⑥ 4　⑦ 9　⑧ 7　⑨ 16　⑩ 6
⑪ 5　⑫ 7

 선생님놀이

⑤ 15를 □와 6으로 가르기 했어요. □가 될 수 있
는 수는 9예요.

⑫ 6과 □를 모으기 하면 13이에요. □가 될 수 있
는 수는 7이에요.

개념 다지기　111쪽

① 14　② 9　③ 15　④ 8　⑤ 12
⑥ 11　⑦ 8　⑧ 18　⑨ 8　⑩ 14
⑪ 7　⑫ 7

 선생님놀이

④ 13을 5와 □로 가르기 했어요. 13은 5와 8로 가
르기 할 수 있으므로 □ 안에 알맞은 수는 8이
에요.

⑧ 9와 9를 모으기 하면 18이므로 □ 안에 18을
써요.

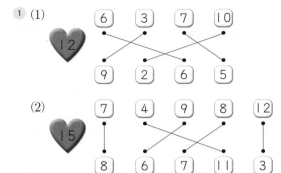

개념 키우기 **112쪽**

① (1)

(2)

② (1)

3	11	8	6	5
15	7	10	12	13

(2)

10	5	9	5	11
3	8	4	8	2

① (1) 두 수를 모아 12가 되도록 선을 이어요. 6과 6, 3과 9, 7과 5, 10과 2를 각각 모으면 12가 돼요.
(2) 두 수를 모아 15가 되도록 선을 이어요. 7과 8, 4와 11, 9와 6, 8과 7, 12와 3을 각각 모으면 15가 돼요.
② (1) 18을 여러 가지로 가르기 할 수 있어요. 3과 15, 11과 7, 8과 10, 6과 12, 5와 13으로 가르기 할 수 있어요.
(2) 13을 여러 가지로 가르기 할 수 있어요. 10과 3, 5와 8, 9와 4, 11과 2로 가르기 할 수 있어요.

개념 다시보기 **113쪽**

① 4　② 8　③ 12
④ 4　⑤ 11　⑥ 8
⑦ 7　⑧ 12　⑨ 10

도전해 보세요 **113쪽**

① 3, 4, 9　② (1) 5　(2) 7

① 16을 여러 가지로 가르기 하여 답을 구할 수 있어요. 16을 9와 7로 가르기 할 수 있고, 7을 3과 4로 가르기 할 수 있으므로 더해서 16이 되는 세 수는 3, 4, 9입니다.
② (1) 블록의 합이 15가 되어야 해요. 주어진 수 3과 7을 모으기 하면 10이에요. 10과 모으기 하여 15가 될 수 있는 수는 5입니다.
(2) 블록의 합이 15가 되어야 해요. 주어진 수 4와 3, 1을 모으기 하면 8이에요. 8과 모으기 하여 15가 될 수 있는 수는 7입니다.

18단계 50까지의 수 세기

배운 것을 기억해 볼까요? **114쪽**

① 10, 3　② 8, 10

개념 익히기 **115쪽**

① 2, 5　② 3, 2　③ 3, 6　④ 2, 7
⑤ 2, 1　⑥ 3, 2　⑦ 3, 6　⑧ 4, 2

개념 다지기 **116쪽**

① 23　② 35　③ 20　④ 14　⑤ 30
⑥ 50　⑦ 27　⑧ 22　⑨ 33　⑩ 40

선생님놀이

 10개씩 묶으면 5묶음이 돼요. 10씩 5묶음이면 50이에요.

10개씩 묶으면 3묶음이고, 낱개가 3개예요. 수를 세면 33이에요.

개념 다지기 **117쪽**

① 50　② 35　③ 18　④ 23　⑤ 40
⑥ 37　⑦ 20　⑧ 29　⑨ 43　⑩ 16

10개씩 3묶음이면 30이고, 낱개가 5개이므로 모두 35예요.

 10개씩 2묶음이면 20이고, 낱개가 9개이므로 모두 29예요.

개념 키우기 **118쪽**

1

수	10개씩 묶음	낱개
17	1	7
41	4	1
28	2	8
35	3	5

2

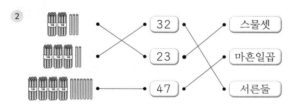

32 — 스물셋
23 — 마흔일곱
47 — 서른둘

1 41은 10개씩 4묶음, 낱개로 1이에요.
28은 10개씩 2묶음, 낱개로 8이에요.
10개씩 3묶음, 낱개로 5이므로 모두 35가 돼요.

2 32는 10개씩 3묶음이고, 낱개가 2개예요. 서른둘이라고 읽습니다. 23은 10개씩 2묶음이고, 낱개가 3개예요. 스물셋이라고 읽습니다. 47은 10개씩 4묶음이고, 낱개가 7개예요. 마흔일곱이라고 읽습니다. 관계있는 것끼리 선으로 이으면 이런 모양이 돼요.

개념 다시보기 **119쪽**

1 36   2 24   3 17   4 24
5 33   6 25   7 40   8 30

도전해 보세요 **119쪽**

1 이십칠, 스물일곱   2 (1) 십오 (2) 서른

1 27은 이십칠 또는 스물일곱이라고 읽어요.
2 (1) 15가 점수나 번호를 나타내는 경우는 '십오'라고 읽고, 세기수나 횟수를 나타내는 경우는 '열다섯'이라고 읽습니다. 5월 15일은 날짜에 순서대로 번호를 매긴 것이므로 '십오'가 정답입니다.
(2) 30이 점수나 번호를 나타내는 경우는 '삼십'이라고 읽고, 세기수나 횟수를 나타내는 경우는 '서른'이라고 읽습니다. 30살은 나이의 횟수를 나타내는 것이므로 '서른'이 정답입니다.

19단계 50까지 수의 순서

배운 것을 기억해 볼까요? **120쪽**

1 2, 2   2 48

개념 익히기 **121쪽**

1 3   2 10   3 17   4 8   5 21
6 20   7 40   8 15   9 28   10 32
11 43   12 26

개념 다지기 **122쪽**

1 26, 28   2 12, 14   3 16   4 30
5 44   6 14, 15   7 31, 33   8 27, 30
9 39, 40   10 16, 18

선생님놀이

 15와 17 사이에 있는 수는 16이에요.

 12, 13 다음에 오는 수는 14, 15예요.

개념 다지기 **123쪽**

1 13, 14   2 8, 10, 12
3 19, 20, 23   4 46, 49, 50

157

⑤ 22, 23, 24　　　　⑥ 36, 37, 39
⑦ 27, 28, 29　　　　⑧ 30, 31

선생님놀이

④ 수직선에서 47과 48 앞 또는 뒤에 오는 수를 구하는 문제예요. 47보다 1 작은 수는 46이고, 48 다음에 오는 수는 49, 50이에요.

⑧ 29와 32 사이에 올 수 있는 수는 30, 31이에요.

개념 키우기　　　　124쪽

① (1) 14, 17, 20, 21, 22　　(2) 29, 32, 33, 34, 36, 38

②

23	22	21	20	7	8	9	10	45	46
24	31	32	19	6	1	2	11	44	47
25	30	33	18	5	4	3	12	43	48
26	29	34	17	16	15	14	13	42	49
27	28	35	36	37	38	39	40	41	50

① (1) 15 앞에 오는 수는 14예요. 16과 18 사이에 오는 수는 17이에요. 19 다음에 오는 수는 20, 21, 22입니다.
　(2) 30 앞에 오는 수는 29예요. 31과 35 사이에 오는 수는 32, 33, 34예요. 35와 37 사이에 오는 수는 36이고, 37 다음에 오는 수는 38입니다.
② 선을 따라 순서대로 빈칸에 수를 쓰면 위와 같아요.

개념 다시보기　　　　125쪽

① 20, 22　② 10, 11　③ 37, 38　④ 47, 48
⑤ 16, 17　⑥ 29, 31　⑦ 23, 25　⑧ 38, 39
⑨ 31, 32　⑩ 28, 29

도전해 보세요　　　　125쪽

① 38, 40

②
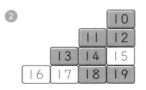

① 39보다 1 작은 수는 38입니다. 39보다 1 큰 수는 40입니다.
② 위에서부터 오른쪽으로 순서대로 쌓은 상자입니다. 14 다음에 오는 수는 15, 16, 17입니다.

20단계 두 수의 크기 비교

배운 것을 기억해 볼까요?　　　　126쪽

① (1) 12, 13　(2) 46, 48　(3) 28, 30
② 4, 8

개념 익히기　　　　127쪽

① 23, 16; 16, 23　　② 27, 19; 19, 27
③ 35, 12; 12, 35　　④ 34, 25; 25, 34
⑤ 19, 17; 17, 19　　⑥ 32, 27; 27, 32
⑦ 30, 24; 24, 30　　⑧ 35, 21; 21, 35

개념 다지기　　　　128쪽

① 24 ㉒　　② ⑨ 7　　③ 16 ㉜
④ ㊻ 40　　⑤ 26 ㊿　　⑥ ㉑ 17
⑦ ㊷ 36　　⑧ 13 ㉚　　⑨ 4 ⑮
⑩ 7 ㉑　　⑪ 23 ㉝　　⑫ ㊽ 44

선생님놀이

⑤ 26과 50 중 더 큰 수는 50이므로 50에 ○표를 해요.

⑩ 7과 21 중 더 큰 수는 21이므로 21에 ○표를 해요.

① 9, 20, 37
② 12, 15, 34
③ 27, 47, 50
④ 19, 20, 21
⑤ 23, 33, 42, 49
⑥ 15, 27, 32, 39
⑦ 6, 8, 17, 21
⑧ 5, 10, 15, 40
⑨ 22, 30, 38, 39, 41
⑩ 28, 35, 41, 43, 44
⑪ 12, 25, 26, 30, 32
⑫ 12, 24, 35, 40, 42

선생님놀이

 ④ 작은 수부터 순서대로 나타내면 19, 20, 21이에요.

⑩ 가장 작은 수는 28이에요. 28부터 차례대로 쓰면 28, 35, 41, 43, 44가 돼요.

① (1) 25 ⑮ 35   (2) 40 47 ㉔

(3) ㉗ 43 32   (4) 36 ⑳ 40

② (1) ㊾ 32 35 ㊿

(2) 42 ⑧ 30 ⑩

(3) ㉒ ⑮ 50 43

① (1) 25, 15, 35 중 가장 작은 수에 ○표 해요.
15가 가장 작은 수이므로 15에 ○표 해요.

(2) 40, 47, 24 중 가장 작은 수에 ○표 해요.
24가 가장 작은 수이므로 24에 ○표 해요.

(3) 27, 43, 32 중 가장 작은 수에 ○표 해요.
27이 가장 작은 수이므로 27에 ○표 해요.

(4) 36, 20, 40 중 가장 작은 수에 ○표 해요.
20이 가장 작은 수이므로 20에 ○표 해요.

② (1) 10개씩 묶음 3개와 낱개 5개인 수는 35입니다. 35보다 큰 수는 52, 40이에요.

(2) 10개씩 묶음 2개와 낱개 7개인 수는 27입니다. 27보다 작은 수는 8, 10이에요.

(3) 10개씩 묶음 4개와 낱개 1개인 수는 41입니다. 41보다 작은 수는 22, 15예요.

① 35는 27보다 (큽니다, 작습니다).

② 17은 32보다 (큽니다, 작습니다).

③ 45는 39보다 (큽니다, 작습니다).

④ 28은 25보다 (큽니다, 작습니다).

⑤ 31은 36보다 (큽니다, 작습니다).

⑥ 40은 39보다 (큽니다, 작습니다).

⑦ 50은 28보다 (큽니다, 작습니다).

⑧ 37은 49보다 (큽니다, 작습니다).

⑨ 24는 21보다 (큽니다, 작습니다).

⑩ 25는 35보다 (큽니다, 작습니다).

① 16, 17; 28, 32   ② 민지, 연수, 현우

① 17, 32, 28, 16 중 20보다 작은 수는 17, 16이에요. 17과 16의 크기를 비교하면 16<17입니다. 17, 32, 28, 16 중 20보다 큰 수는 32, 28이에요. 32와 28의 크기를 비교하면 28<32입니다.

② 현우는 딸기를 24개 땄고, 민지는 30개 땄습니다. 연수는 현우보다 1개 더 많이 땄으므로 연수가 딴 딸기의 개수는 24보다 1 큰 수인 25개예요. 딸기를 가장 많이 딴 순서대로 이름을 쓰면 민지-연수-현우입니다.

수고하셨어요.
다음 단계로 같이 가요!

연산의 **발견** 1권

지은이 | 전국수학교사모임 개념연산팀

초판 1쇄 발행일 2020년 1월 23일
초판 2쇄 발행일 2023년 1월 27일

발행인 | 한상준
편집 | 김민정 · 강탁준 · 손지원 · 최정휴 · 정수림
삽화 | 조경규
디자인 | 김경희 · 김성인 · 김미숙 · 정은예
마케팅 | 이상민 · 주영상
관리 | 양은진

발행처 | 비아에듀(ViaEdu Publisher)
출판등록 | 제313-2007-218호(2007년 11월 2일)
주소 | 서울시 마포구 연남동 월드컵북로6길 97(연남동 567-40) 2층
전화 | 02-334-6123 전자우편 | crm@viabook.kr
홈페이지 | viabook.kr

ⓒ 전국수학교사모임 개념연산팀, 2020
ISBN 979-11-89426-65-1 64410
ISBN 979-11-89426-64-4 (세트)